유명한 세계적 건축물을 찾아 떠나는 건축 여행

과학 원리로 재밌게 풀어 본

건축물의
구조 이야기

과학 원리로 재밌게 풀어 본

건축물의 구조 이야기

초판 1쇄 발행 2013년 4월 9일
개정판 1쇄 발행 2023년 10월 23일
개정판 2쇄 발행 2024년 5월 13일

글 미셸 프로보스트 · 다비드 아타 그림 필리프 드 케메테르 옮김 김수진 감수 및 추천 허재혁
펴낸이 윤상열 기획편집 최은영 김민정 디자인 최미순 마케팅 윤선미 경영관리 김미홍
펴낸곳 도서출판 그린북 출판등록 1995년 1월 4일(제10-1086호)
주소 서울시 마포구 방울내로11길 23 두영빌딩 302호
전화 02-323-8030~1 팩스 02-323-8797
블로그 greenbook.kr 이메일 gbook01@naver.com

Comment tout ça tient? by Michel Provost, David Attas & Philippe de Kemmeter
Copyright ⓒ 2011 Alice Éditions
Korean Translation Copyright ⓒ 2013 Green Book Publishing Co.
This Korean edition published by arrangement with ALICE ÉDITIONS through EntersKorea Agency.

ISBN 978-89-5588-447-0 03540

* 파손된 책은 구입하신 곳에서 바꿔 드립니다.

유명한 세계적 건축물을 찾아 떠나는 건축 여행

과학 원리로 재밌게 풀어 본

건축물의 구조 이야기

글 **미셸 프로보스트 · 다비드 아타**
그림 **필리프 드 케메테르**
옮김 **김수진**
감수 및 추천 **허재혁**

그린북

인류와 함께 환경을 구성하고 있는 건축물을 돌아보다!

『과학 원리로 재밌게 풀어 본 건축물의 구조 이야기』는 바로 우리가 살아가는 자연 환경의 법칙을 깨우친 인류의 발자취를 돌아본 여행이라고 할 수 있습니다. 그래서 이 책은 자연의 법칙을 깨우쳐 이를 극복해 나가는 인간의 역사를 다양한 구조물의 사례를 통해 바라보는 역사 서적이기도 하고, 바로 그 자연의 법칙을 이해시키는 과학 서적이기도 합니다.

이 책에서는 인간의 삶에 필수적인 3요소인 의식주 중에서 인간 문명의 하드웨어적인 발전인 '주'의 발전을 구조의 관점에서 바라봅니다. 중력과 중력에 대항하는 응력을 통해 힘의 평형을 이해시키고, 응력을 갖고 중력에 평형하고자 하는 구조물의 원리를 다양한 사례와 삽화 그리고 문답 형식의 서술을 통해 쉽게 이해할 수 있도록 풀어놓았습니다. 이 책은 이 책을 읽어 가는 독자로 하여금 인류의 구조에 대한 이해와 재료의 발전에 따라 점점 더 거대해지고 아름다워지는 사례들을 접하면서 자연스럽게 문명의 역사에 접근하게 해 줍니다.

우리가 인류사에 남을 역작이라 칭하는 모든 건축과 토목 구조물들은 건축의 3요소인 기능, 형태, 구조 중에 어느 한 부분에 탁월한 변화를 가져왔습니다. 이러한 탁월한 변화는 각 시대의 문화와 문명의 성숙을 거치

면서 쌓아 온 것이기 때문에 그것을 이해하는 것만으로도 역사를 통찰하는 하나의 수단을 갖게 될 것입니다.

사람들은 지붕을 만들고, 지붕을 받치는 기둥을 만들고, 지붕이 커지면서 지붕을 지탱하는 보가 생겨나고, 점점 큰 지붕을 효율적으로 만들기 위해 노력했습니다. 그러는 동안 아치, 트러스, 케이블, 프리스트레스트, 캔틸레버 구조 등이 생겨났습니다. 우리가 보는 모든 대형 구조물은 이러한 구조에서 크게 벗어나 있지 않지요.

이 책을 다 읽게 되면 어딜 가든 만나게 되는 대형 건축물을 새로운 눈으로 바라볼 수 있게 될 것입니다. 더불어 대형 건축물이 어떤 원리로 서 있는지를 이제는 쉽게 이해할 수 있게 될 것입니다. 그런데 이 책이 조금 더 도움이 되려면 많은 인생의 경험, 특히 많은 여행 등을 하기 전에 좀 더 젊은 시절에 읽었으면 합니다. 그렇게 한다면 우리가 살아가는 동안 수많은 여행지에서 만나게 되는 여러 건축 구조물들을 좀 더 의미 있게 만나게 될 것이기 때문입니다.

우리가 달이나 우주의 다른 행성으로 가면 분명 중력이 달라질 것입니다. 이에 따라 응력도 달라질 테고요. 그렇다면 아마도 건축 방법도 달라질 것입니다. 언젠가 달이나 지구형 행성에 미래의 우리 건축물을 세우게 된다면 지금 이 책이 다소 도움이 되지 않을까요? 이 책을 통해 건축물의 기본적인 구조의 원리를 이해하게 되었으니까 말이에요.

허재혁

차례

구조의 세계로 여행을 떠나자!

인간의 언어와 건축물은 얼핏 보기에는
아무런 연관이 없는 것 같아.
그런데 그 구조를 들여다보면 공통점이 있단다.
어떤 공통점이 있을까?
함께 건축물의 구조를 들여다보자!

집이나 탑, 다리, 교회처럼 다양한 크기와 모양을 지닌 건축물은 우리의 일상 세계를 이루는 한 부분이야. 우리 주변 어디에서나 쉽게 찾아볼 수 있지. 시골이나 도시에서도, 뉴스나 영화뿐만 아니라 문학 작품 속에서도 만날 수 있어. 그러다 보니 아주 익숙해져서 우리는 건축물에 새삼스럽게 관심을 가지지 않으려고 해. 건물이 어떻게 서 있을 수 있으며, 건물에 어떤 기능이 작용하는지에 대한 궁금함은 전혀 느끼지 않는단다. 건물의 겉모습이나 포장 안에 '숨어 있는' 무언가에 대해 들여다보려 하지 않지.

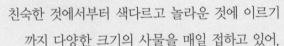

우리는 의자, 탁자, 그네, 해먹, 나무, 사무용 가구, 육교, 다리, 빌딩 등 친숙한 것에서부터 색다르고 놀라운 것에 이르기까지 다양한 크기의 사물을 매일 접하고 있어. 아침에 눈을 뜬 다음부터 밤에 눈을 감고 잠이 들 때까지 말이야. 그런 덕분에 우리는 자기도 모르게 '구조에 대한 직관'을 갖게 되었지. 무의식적으로 어떤 것은 '서 있을 수 있고', 어떤 것은 '서 있을 수 없다'는 판단을 꽤 정확하게 할 수 있는 것이지.

숲 속을 거닐다가 나무 한 그루를 발견했다고 상상해 보자. 그런데 그 나무가 땅에 닿은 부분의 둘레가 가늘고 위로 올라 갈수록 굵어지는 모양이라고 말이야. 그럼 아마도 순간적으로 뭔가 이상하다고 여기고 거꾸로 된 것은 아닌가 하고 생각할 거야! 이처럼 우리는 모두 어떤 구조에 대해 뛰어난 직관을 갖고 있지. 하지만 이런 직관은 '지금까지 보아 온 것'을 바탕으로 형성된 것이지, '어떻게 서 있을 수 있는지'에 대한 구조적인 이해를 바탕으로 형성된 것이 아니야.

그럼 이제부터라도 '건축물이 어떻게 서 있을 수 있는가'에 대해 구조적으로 이해하기 위해 함께 구조의 세계로 여행을 떠나 보자.

이 책에서는 여러분의 구조적 직관을 뛰어넘어 더 깊이 들어갈 거야. 아마도 이 여행이 끝날 즈음이면 구조를 바라보는 시각이 많이 달라져 있을지도 몰라. 구조의 기능을 이해하고 구조를 감상하는 법을 배우게 될 것이거든. 그리고 구조물이 가지고 있는 조형적인 아름다움도 더욱 잘 감상할 수 있게 될 거야.

우선, 여행을 시작하면서 작용과 반작용, 평형의 법칙에 대한 이야기를 풀어갈 거야. 이것을 토대로 건축물을 구성하는 요소의 구조적 기능을 알아보면서 건축물에 접근해 갈 것이지. 그러는 동안 삼발이 의자와 탁자는 커다란 홀을 덮는 지붕이나 다리

와 구조적인 면에서 같다는 것을 알게 될 거야. 종이비행기를 들여다보면 구조의 세계를 이해하는 데 도움이 된다는 사실도 알게 될 테고 말이야. 이와 함께 우리는 응력*이 구조를 통과하여 '이동하는' 경로를 따라갈 거야. 응력은 줄이나 케이블, 기둥을 따라 올라갔다 내려갔다 하다가 마지막에는 건축물의 기초를 거쳐서 항상 땅으로 전달되지.

이런 원리를 통해 아치와 트러스, 빔은 나무의자와 구조가 같으며, 이 두 구조물은 상당히 많은 공통점을 지녔다는 사실도 알게 될 거야. 또한 해먹이라는 간단한 사물의 구조 속에서 대형 현수교의 모습을 찾아볼 수 있으며, 그 유명한 미국의 금문교의 모습도 발견할 수 있을 거야.

세월이 흐르면서 구조물은 더욱 복잡해지고 모양은 여러 가지로 변해 왔어. 하지만 구조물을 이루는 법칙은 변하지 않는단다. 이것은 인류가 계속 쓰고 있는 언어와도 같다고 할 수 있어. 언어와 구조를 한번 비교해 보자꾸나. 구조물을 언어로 보았을 때 구조물을 이루는 요소는 낱말에 해당하고, 이 요소를 조립하고 결합하는 방법은 문법에 해당한다고 할

***응력** : 물체에 외부의 힘이 작용했을 때 그 힘에 저항하여 물체의 형태를 그대로 유지하려고 물체 내에 생기는 내부의 힘을 말한다. 그 두 힘이 균형을 이뤄야 물체의 모양이 유지된다.

수 있지. 우리는 구조라고 하는 이 언어만 있으면 평범한 것에서부터 특별히 멋진 것까지 모든 사물을 만들어 낼 수 있단다. 삼발이 의자, 다리 등과 같은 간단한 사물들은 일상적인 언어에 해당하며, 쌍곡포물면 형태의 지붕, 현수교, 건축가와 엔지니어가 이룬 멋진 건축물 등은 문학 작품이라고 할 수 있지.

자, 이제부터 그동안 기본 원리를 이해하지 않은 채 겉모습만 보아 왔던 바로 그 구조의 세상으로 함께 여행을 떠나 볼까?

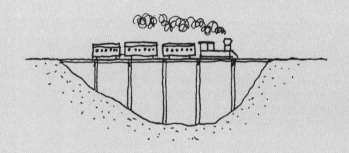

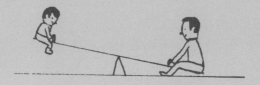

제 1 장

구조란 도대체 무엇일까?

우리 주변에서 볼 수 있는 사물에 작용과 반작용,
인력과 외력이 작용하고 있다는 것을 알고 있니?
간단한 삼발이 의자도 복잡한 지붕이나 다리와
같은 구조를 지니고 있다는 사실을 확인해 보자!

자, 이제 본격적으로 구조의 세계로 들어가 보자. 그런데, 과연 구조란 무엇일까? 한번 주위를 둘러봐! 눈에 보이는 모든 건축물은 골조로 이루어져 있지? 건축 기술자들은 이를 구조라고 부른단다. 그런데 구조는 다리나 건물과 같은 건축물에만 있는 것이 아니야. 의자나 탁자 등과 같은 모든 사물은 구조를 지니고 있어. 우리에게 가장 친숙한 대상인 우리의 몸 역시 구조를 지니고 있단다. 바로 몸의 골격 말이야.

그렇다면 우리 몸이나 사물에는 왜 구조가 있을까?

우리가 살고 있는 지구에는 지구가 끌어당기는 힘인 중력이 작용해. 이 중력을 견디면서 우리 몸을 지탱하고 몸의 형태를 유지하려면 골격이 있어야 해. 만약 우리 몸에 골격이 없다면, 어떻게 될까? 아마도 특정한 형태 없이 물렁물렁한 조직과 살, 내장만 한 무더기 남게 될 거야.

— 윽! 생각만 해도 끔찍해요.

지구에는 중력이 작용하고 있다는 것을 알고 있지? 지구가 주변의 것을 끌어당기는 이 중력 때문에 지구상에 있는 모든 사물은 최대한 지구 중심에 가까이 다가가려고 하지. 따라서 사물이 땅바닥에 딱 달라붙지 않고 기본적인 모양을 유지하려면 단단한 구조를 가져야 한단다.

자, 손바닥 위에 구슬 한 개를 올려놓아 보자. 이때 구슬에는 두 가지 힘이 작용해. 우선 구슬에는 위에서 아래로 힘이 가해지고 있어. 반대로, 이 구슬을 받쳐 들고 있는 손의 힘이 아래에서 위로 가해지고 있지. 이렇게 구슬의 무게(작

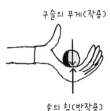

구슬의 무게(작용)

손의 힘(반작용)

용)는 위에서 아래로 가해지고, 구슬을 떠받
치는 손의 힘(반작용)이 아래에서 위로 가해
지고 있어. 이 두 힘이 평형을 이루고 있기
때문에 구슬은 움직이지 않는 것이란다. 그
런데 이때 손을 빼 버린다면 어떻게 될까?
두 가지 힘 중 하나가 사라지지. 그러면 평형

> **작용과 반작용이란?**
> 서로 평형을 이루는 두 힘이
> 다. 이 두 힘은 크기가 같고,
> 방향이 반대이며, 엄격하게
> 일직선으로 정렬되어 있다.

이 깨지면서 구슬이 땅으로 떨어져 계속 굴러가게 될 거야. 그러다가 바
닥에서 가장 낮은
지점에 이르면 그
곳에서 새로운 평
형을 찾은 후에야 멈추지.

　정리해 보면, 구슬이 손바닥 위에 있든 땅 위에 있든 움직이지 않는 안
정적인 상태에 있으려면 같은 크기를 가진 두 힘이 서로 반대 방향에서
일직선으로 가해져야 한다는 거야. 바로 구슬 무게의 작용과 구슬을 받
쳐 주는 반작용의 힘 말이지.

　- 음, 움직이지 않으려면 두 힘이 '같은 크기'여야 한다는 것은 확실히
알겠어요. '반대 방향'이어야 한다는 것도 알겠고요. 그런데 '일직선 상에'
있다는 것은 무슨 뜻인가요?

　자, 넓적한 모양의 돌 하나를 탁자 위
에 올려 보자. 이때는 작용과 반작용이
서로 같아서 아무런 문제가 없지!

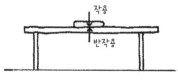

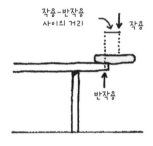

이제 이 돌을 탁자 끝으로 옮겨 보자. 그러면 쿵! 하고 떨어지지. 왜일까? 이것은 돌의 무게가 가하는 작용과 탁자의 반작용이 일직선 상에 있지 않기 때문이야. 이렇게 서로 반대 방향으로 작용하는 두 힘이 일직선 상에 있지 않을 때 생기는 힘을 우력이라고 해.

– 우력이 도대체 뭔가요?

우력은 작용과 반작용이 일직선 상에 있지 않아서 서로 맞아떨어지지 않을 때 생기는 힘이야. 우력의 크기는 작용과 반작용 사이의 거리에 작용을 곱한 값과 같단다. 사물이 아래로 떨어지지 않으려면 이런저런 방법을 써서 이 우력이 평형을 유지해야만 하는데, 앞의 경우에는 그렇지 못해서 돌이 떨어진 것이지.

> **우력이란?**
> 작용과 반작용 사이에 간격이 벌어져 작용과 반작용이 일직선 상에 있지 않을 때 생긴다. 작용과 반작용 사이의 간격을 '받침점과 힘점 사이의 거리'라고 부르는데, 우력의 크기는 힘의 강도에다 받침점에서 힘점까지의 거리를 곱한 값과 같다. 우력은 '짝힘'이라고도 하는데, 크기가 같고 서로 방향이 반대인 평행한 한 쌍의 힘을 말한다.

또 다른 예를 들어볼까? 시소 양쪽에 두 어린이가 타고 있다고 생각해 보자. 두 어린이는 몸무게가 똑같고, 시소의 가운데 받침점으로부터 같은 거리만큼 떨어져 앉아 있다고 하자. 이 경우 두 어린이한테서 만들어지는 우력의 크기

는 같아. 따라서 시소는 평형 상태를 유지하지.

 – 네, 확실하게 이해돼요. 우력은 서로 평형을 이루는 것이지요?

 그런데 시소 한쪽에 어린이 대신 어른 한 명이 올라간다면 어떻게 될
까? 이제 우력의 크기가 달라
져서 시소는 평형을 유지하지
못하겠지? 그리고 시소 위의
두 사람 중 무거운 쪽이 땅에
닿은 뒤에야 비로소 새로운 평형을 이루게 될 거야.

 – 그러니까 평형을 이루려면 우력의 크기가 같아야 하는 것이지, 무게
자체는 달라도 상관없다는 말씀이시지요, 그렇죠?

 그래, 정확하게 말했어.

 – 그렇다면 받침점 가까이에 있는 어른과 받침점에서 멀리 떨어져 있
는 어린이도 서로 평형을 이룰 수 있겠네요?

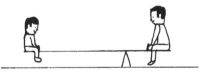

 그렇지! 우력의 크기, 즉 힘(위
의 경우 사람의 몸무게)과 거리
(가운데 받침점과 사람 사이의 거
리)를 곱한 값만 서로 같으면 된단
다. 앞서 언급한 어른의 몸무게가 어린이의 두 배이지만 어른의 위치는
받침점에 두 배 더 가까이 있으니까 우력이 서로 같으므로 시소가 평형
을 유지하는 거야.

 – 받침점까지의 거리 말씀이지요? 음……, 뭔가 생각나는 것이 있어

요. 아, 짐을 들어 올릴 때 사용하는 지렛대요!

맞아! 지렛대를 사용하면 짐을 직접 들어 올리는 것보다 적은 힘으로도 들어 올릴 수 있지.

– 그런데 지렛대처럼 '힘을 아끼게 해 주는 장치'는 어떻게 작용하나요?

여기서 기억해야 할 것은 바로 우력의 크기가 같다는 거야. 가령 한 사람이 커다란 돌덩어리를 들어 올린다고 한다면, 돌덩어리 쪽 힘의 크기는 크고 받침점에서 힘점까지의 거리가 짧지. 반면에, 지렛대로 돌을 들어 올리는 사람 쪽은 받침점에서 힘점까지의 거리가 길기 때문에 적은 힘만으로도 들어 올릴 수 있는 거란다.

– 간단한 실험을 해 보면 금방 이해할 수 있을 것 같아요. 백문이 불여일견이잖아요?

잘 알고 있군! 자, 그럼 지렛대로 사용할 기다란 '노루발장도리'를 우리가 들어 올릴 돌덩어리 밑으로 밀어 넣은 다음 위에서 눌러 보자꾸나.

이때 만약 사람 쪽의 받침점에서 힘점까지의 거리가 돌덩어리 쪽의 받침점에서 힘점까지의 거리보다 네 배 더 멀다면, 어떨까? 음, 이 돌을 사람이 직접 들어 올릴 때보다 네 배 더 적은 힘만 들여도 된단

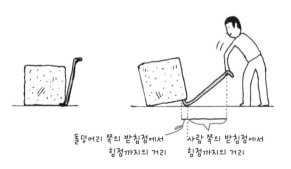

돌덩어리 쪽의 받침점에서
힘점까지의 거리

사람 쪽의 받침점에서
힘점까지의 거리

다. 즉, 4분의 1의 힘만 들이고도 돌을 들어 올릴 수 있다는 거지.

  – 아하, 이제 확실히 알겠어요.

  좋아! 앞으로도 여러 가지 다양한 우력에 대해 알고 익숙해질 기회가 생길 테니 잘 기억해 두도록!

  – 네, '작용과 반작용'에 대해서는 이제 확실히 알겠어요. '우력'도 거의 알 것 같고요. 그런데 이런 개념들이 도대체 사물의 구조와 무슨 관계가 있는 건가요?

  자, 그럼 구체적으로 생각해 볼까. 지금 앉아 있는 삼발이 의자에도 구조가 있어. 이것을 좀 더 자세히 살펴보자. 내가 의자에 앉으면 나의 체중이

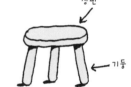

의자의 다리를 통해서 땅으로 전달돼. 그런데 고양이한테는 이 삼발이 의자가 밑으로 지나다니거나 쉬기도 하는 다리나 지붕이 될 수도 있어. 그러니까 의자의 다리는 기둥에 해당하고, 의자의 좌석은 기둥 위에 직접 놓여 있는 상판에 해당하는 것이야. 삼발이 의자에는 의자 자체의 무게와 그 위에 올라가는 것의 무게가 더해지지. 다리와 건물에도 다양한 힘이 작용하는데, 특히 그 자체를 구성하는 요소들의 무게와 이들을 사용하면서 생기는 힘이 그 대표적인 경우야. 그중 자체를 구성하는 요소들의 무게를 자체

건축물에 가해지는 작용에는 무엇이 있을까?
- 자중(건축물 고유의 무게)
- 건축물 사용에 따른 항구적 작용(철도에 까는 자갈, 철로 등)
- 건축물 사용에 따른 가변적 작용(열차의 통행)
- 기후 작용(바람 등)
- 사고에 의한 작용

무게, 즉 '자중'이라고 해. 바로 이 같은 힘들을 **작용**이라고 하는 것이지.

– 그러니까 다리에는 다리 기둥의 자체 무게와 그 위에 놓인 철도 상판의 무게가 항상 작용하고, 기차가 그 위를 지날 때면 기차의 힘이 가해진다는 것이지요?

그렇지! 그런데 다리에는 이 밖에 다른 작용도 가해져!

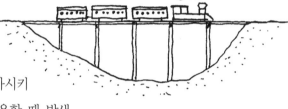

예를 들어 기차를 정차시키는 경우처럼 다리를 사용할 때 발생하는 작용도 있고, 바람이나 눈 같은 기후의 작용, 지진과 같은 환경에 의한 작용도 있어. 이뿐만 아니라 사고가 발생할 때 일어나는 작용도 있을 수 있지. 예를 들면, 기차가 탈선하거나 트럭이 다리 난간을 들이받는 사고 때처럼 말이야.

– 알겠어요. 그럼 제가 이렇게 삼발이 의자를 발로 차면 사고로 인한 외력이 가해지는 것이죠? 어? 그런데 발로 차도 의자의 구조는 무너지지 않네요.

왜 그럴까? 그건 발로 차면 의자는 그저 균형을 잃을 뿐이기 때문이야. 의자는 바닥에 쓰러진 뒤 다시 새로운 평형을 이루게 되거든. 구조를 구상하여 설계하고 계산할 때에는 그 구조의 전체적인 평형과 함께 사물의 내부에서 작용하는 힘에 대해서도 생각해야 해.

－ 건드리기 전까지 이 삼발이 의자는 다리 세 개로
평형 상태에 있었어요. 그런데 다리가 두 개만 있어도
될까요?

그렇지 않아. 사람이 의자에 앉아서 자신의 다리로 지
탱해 볼 수는 있겠지. 그렇지만 그렇게 한다면 사실상 의자의 다리가 세
개인 셈이 되지. 그러니까 의자의 다리는 반드시 세 개가 있어야 해!

－ 그럼 의자에 다리를 네 개 붙이면 어떻게 되나요?

그렇게 해도 되지만 사실 네 개까지 필요없어. 다리 네 개짜리 작은 탁
자를 생각해 보자. 다리 길이가 서로 맞지 않아 건들거리는 탁자를 종
종 본 적이 있지? 그때 한쪽 다리가 좀 짧으면 보통 두꺼운 종이를 접어
서 다리 밑에 괴어 높이를 맞추곤 하잖아. 이렇게 맞추지 않으면 탁자에
는 다리 세 개로 이루어진 안정적인 상태가
두 가지 공존하는 것이라고 할 수 있어. 이
두 개의 상태가 서로 왔다 갔다 하다 보니 탁
자가 건들거리게 되는 거란다. 다리 세 개로
평형을 이룬 것을 **정적 평형 상태**라고 해. 그
리고 다리가 네 개인 경우는 **과잉 평형 상태**,
다리가 두 개 또는 한 개처럼 불안정한 것을
미달 평형 상태라고 해.

－ 어, 그런데 다리 한 개짜리 의자를 본 적
이 있어요. 어떻게 된 거죠?

> **평형 상태란?**
> 다리 세 개짜리 의자의 경
> 우처럼 구조물이 외부 세계
> 와 딱 맞게 결합되었을 때
> 외부적 관점에서 정적 평형
> 상태에 있다고 말한다. 이
> 결합이 과잉이면 과잉 평형
> 상태(다리 네 개짜리 삼발
> 이 의자), 부족하면 미달 평
> 형 상태(다리 두 개짜리 삼
> 발이 의자)라고 한다. 미달
> 평형 상태의 구조물은 안정
> 적이지 못하다.

그렇지. 다리 한 개짜리 의자도 있어. 하지만 그런 의자의 다리는 받침 바닥 부분을 넓게 만들어 의자가 흔들리는 것을 방지하고 안정 상태를 확보하도록 한 것이란다.

– 아하, 그렇군요. 그렇다면 삼발이 의자를 만들려면 다리 세 개와 그 위에 좌석을 올리기만 하면 되겠네요.

아니란다. 유감스럽게도 그렇게 임시로 만든 삼발이 의자는 오래 지탱하지 못할 거야.

– 왜요? 삼발이 의자에 가해지는 힘인 제 몸무게가 수직으로 작용하고 삼발이 의자의 다리도 수직으로 서 있다면, 문제가 될 것은 없잖아요?

그럼 좀 더 깊이 생각해 볼까? 삼발이 의자에 가해지는 힘, 다시 말해 작용에는 오로지 수직 방향의 힘만 있는 것이 아니란다. 작은 크기의 '부수적' 작용도 가해지고 있기 때문에 의자가 무너질 수도 있어. 따라서 이 같은 '부수적' 작용을 버텨내기 위해서는 의자의 다리와 좌석이 딱 맞게 조립되어야 해. 이를 두고 구조에 버팀대를 댄다고 말하지.

– 버팀대를 댄다고요?

이 말은 원래 '바람을 막아 낸다.', 즉 바람의 작용에 저항한다는 데서 온 말인데, 바람뿐만 아니라 더 나아가 모든 '부수적' 작용까지 포함해서 견디게 한다는 뜻으로 쓰여. 우리가 다루고 있는 삼발이 의자의 경우, 의

자의 다리를 간단히 의자 좌석에 박아 끼워
넣기만 해도 각 요소가 서로 떨어지는 것을
막아줄 수 있단다. 이렇게 하면 삼발이 의
자가 내려앉지 않게 할 수 있는거지.

  – 알겠어요. 다시 한 번 정리해 볼게요. 삼
발이 의자를 만들려면 좌석 한 개와 다리 세
개가 필요해요. 더도 말고 덜도 말고 딱 세
개요. 그리고 의자 다리를 좌석에 끼워 넣으
면 된다는 말씀이지요!

> **건축물의 결합이란?**
> 모든 건축물은 '상판 잇기,
> 지지하기, 버팀대 대기'라고
> 하는 세 가지 구조적 기능
> 을 개별적으로 또는 전체
> 적으로 지닌 요소들을 결
> 합한 것이다.

  옳거니, 아주 정확하게 말했어. 따라서 삼
발이 의자의 구조는 다음과 같은 세 가지 구조적 기능을 지니고 있어야
한단다.

- **상판 잇기** : 의자 좌석이 아래쪽으로 공간을 만들며 다리의 상판 역
  할을 해.
- **지지하기** : 의자 다리, 즉 기둥을 통해 하중이
  땅으로 전달되지.
- **버팀대 대기** : 의자 다리를 좌석에 끼워 넣으면
  의자가 수평적으로 안정한 상태에 놓여. 이에
  따라 의자가 잘 받쳐져서 버틸 수 있는 거야.

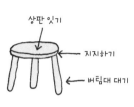

  – 그러니까 이 세 가지 기능을 갖춘 삼발이 의자라면 안심하고 앉아도
되는 것이지요? 그래도 100퍼센트 확신이 가지는 않네요. 쉽게 깨지는 유

리로 만든 의자에는 감히 앉을 생각을 하지 못할 것 같거든요. 의자의 좌석이나 다리가 깨질 수도 있을 테니까요!

그렇지! 그래서 구조라는 문제를 외부적으로만 접근해서 그 전체적인 평형을 유지하는 데에만 주목해서는 안 돼. 이와 함께 내부적으로도 구조를 구성하는 요소들과 이들의 조합과 내력에 대해서도 고민해야 하지. 우리 몸의 구조를 살펴봐도 마찬가지 사실을 알 수 있어. 우리 몸은 평형을 유지하고 있지. 그것이 비록 거의 무의식적이긴 하지만 항상 평형을 유지하고자 하고 있단다. 그리고 내력도 좋다고 할 수 있어. 아주 다행스럽게도 우리의 뼈는 단단해서 쉽게 부러지지 않고 인대로 서로 연결되어 있거든.

— 아직 완벽하게 이해되지는 않았지만 그래도 몇 가지 개념은 이해가 되어요. 다음과 같이 정리하면 되지요?

1. 작용과 반작용
2. 작용과 반작용 사이에 간격이 있을 때 생기는 우력
3. 건축물에 힘이 가해지는 작용('사하중', 항상 가해지는 주하중과 수시로 달라지는 종하중)
4. 관점에서 살펴본 구조와 구조의 전체적인 평형 : 과잉평형, 정적평형, 평형미달
5. 내부적 관점에서 살펴본 구조와 세 가지 구조적 기능 : 상판 잇기, 지지하기, 버팀대 대기.

그래, 이제 어느 정도 이해되었지? 자, 그럼 다음 단계로 나가서 힘의
평형 문제에 대해 생각해 볼까!

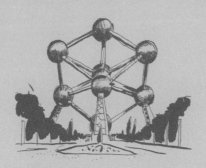

제 2 장

구조의 안전은 바로 힘의 평형!

이제 구조에 대해 이해가 되었니? 그런데 그런 구조가
안정된 상태를 유지하려면 어떻게 해야 할까?
바로 구조에 안팎으로 작용하는 힘들이 서로 평형을
이뤄야 한다는 거지. 자, 그럼 이제 힘의 평형에 대해
알아볼까? 그러기 위해 버스를 타고 가는 경우를
생각해 보거나 어항을 살펴볼 거야. 또 프랑스의 파리에서
알프스를 넘어 벨기에의 브뤼셀로 가서 그곳에 있는
건축물에서 힘의 평형을 확인해 보자!

작용

반작용

　 – 힘의 평형이라는 개념을 잘 이해하려면 우리의 몸에 적용해 보는 것이 가장 좋지 않을까요? 이렇게 한 발로 서 있으려면 넘어지지 않도록 '잘 정렬해서' 서 있어야 한다는 느낌이 들거든요!

　맞아. 몸이 **평형**을 유지하려면 작용(몸의 중심을 지나는 몸무게)과 반작용(바닥)이 완벽하게 일직선으로 정렬되어야 만 해. 땅과 수직이 되게 서야 한다는 말이지. 그렇지 않으면…… 바로 꽈당!

작용

반작용

　 – 넘어지고 말아요. 그래서 다른 발로 땅을 디뎌서 넘어지지 않도록 해야 하는 거고요! 두 발로 서 있는 것이 훨씬 쉽지요!

　실제로 두 발로 서 있으면 옆으로 몸을 숙여도 균형을 잃지 않아. 옆으로 숙일 때 몸무게가 양쪽 발로 각각 다르게 분산되기 때문이지. 이때 몸무게에 해당하는 힘이 양쪽으로 벌린 두 발 사이에 있기만 하면 아무 문제가 없단다. 하지만 두 발의 범위를 벗어나 버리면 넘어지고 말아.

　 – 이때 몸의 무게 중심을 두 발 사이의 안전지대로 재빨리 옮겨주면 넘어지는 것을 피할 수 있어요, 그렇죠? 그러니까 두 발을 넓게 벌릴수록 몸의 중심을 이동할 수 있는 폭이 넓어지는 거예요. 그러면 평형을 잃지 않고서도 몸을 더 많이 숙일 수도 있지요.

　정확히 알고 있군! 양발을 넓게 벌리고 서면 **평형유지 기반**이 넓어져서 힘의 평형을 이루기가 쉬워져. 마찬가지로

삼발이 의자의 다리 사이 간격이 벌어져 있으면 더욱 안정감이 있지. 여기서 조금 더 복잡한 상황을 대비하기 위해 수평으로 작용하는 힘이 덧붙여지는 경우를 생각해 보자. 예를 들어, 달리는 버스의 상황을 볼까. 그 버스에 타고 있는 승객들에게는 가속과 제동에 따른 수평 방향의 힘이 가해져.

> **평형유지 기반이란?**
> 고체는 그 중심을 지나는 수직항력이 평형유지 기반의 바깥으로 작용하면 평형이 깨어진다. 평형유지 기반은 고체가 지면과 닿는 지점을 연결했을 때 그려지는 도형으로 나타낼 수 있다.
>
> 의자의 평형유지 기반

 – 알았어요. 버스가 빠른 속도로 달리지 않는다면, 그냥 두 발을 벌리고 서 있기만 해도 균형을 잡을 수가 있어요. 손으로 잡지 않아도 되지요! 그런데 이때는 왜 넘어지지 않는 건가요?

그것은 버스가 달리거나 멈출 때 수평 방향으로 작용하는 힘이 바닥을 디디고 있는 발의 마찰력과 평형을 이루고 있기 때문이야. 그러나 이러한 힘이 몸의 중심에 작용하면 우력이 생겨. 우력의 받침점에서 힘점까지의 거리는 중심과 바닥 사이의 거리가 되는데, 바로 이 우력이 평형을 이루어야 넘어지지 않는 것이지. 여기서 양발을 넓게 벌릴수록 균형을 잡기가 쉬워. 이것으로 평형유지 기반이 넓을수록 균형을 잡기가 쉽다는 것을 알 수 있지.

 – 그러니까 몸무게가 같은 경우에는 키가 작고 체격이 다부진 사람이 키가 크고 마른 사람보다 달리는 버스 안에서 더 안정감이 있다는 뜻인

가요?

바로 맞았어! 그건 작고 다부진 사람의 중심이 바닥에 더 가까이 있기 때문이지. 받침점에서 힘점까지의 거리가 짧아져 몸의 평형을 깨뜨리는 우력이 줄어들었다는 것이지.

 – 하지만 버스가 빨리 달리기 시작하면 달라요. 이때는 손잡이를 잡아야 넘어지지 않아요!

그렇지. 이유는 제동이나 가속에 따른 힘의 크기가 너무 커졌기 때문이야. 이때에는 수평 방향의 힘을 가해서 평형을 유지해야 한단다.

 – 수평 방향의 힘이란 손잡이를 잡았을 때 팔에서 느껴지는 힘을 말하는 것이지요? 그런데 이 모든 힘이 전체적으로 평형을 잃게 되면……, 꽈당! 하고 넘어지지요.

그래! 그것은 말하자면 다시 평형 상태를 유지하기 위해 우리 몸이 움직이는 것이지.

 – 아, 다른 경우도 떠올랐어요. 로켓도 힘의 평형과 관련 있지요?

옳지, 따져 볼까? 이 경우 엔진의 작용으로 인한 추진력이 로켓의 무게보다 더 커야 해. 그래야 위로 올라갈 수 있지. 그런데 아래로 잡아당기는 로켓의 무게와 위로 올라가려는 추진력이라는 두 힘이 완벽하게 일직선으로 정렬되지 않으면 우력 때문에 로켓이 흔들리게 된단다.

 – 아, 잘 알겠어요. 그런데 처음 이야기하던 몸의 평형 문제로 다시 돌아가 봐요. 평형 잡기 놀이가 재미는 있지만 이건 서커스 놀이와 관계된

> **우리 몸의 평형**
> 하나의 구조물인 우리 몸이
> 평형을 유지하려면 여기에
> 작용하는 모든 힘이 전체적
> 으로 평형을 유지해야 한다.

것 아닌가요? 건축물을 이해하는 데에는 아
무 도움도 되지 않는 것 같아요!

그렇게 딱 잘라 말할 수는 없어. 때때로
건축의 목적은 완벽하게 평형이 잡힌 구조
물을 선보이거나 사람들을 놀라게 하고 명
성을 얻기 위한 예술적인 목적도 있기 때문이야. 1889년 파리에서 엔지니
어 구스타브 에펠이 자신의 이름을 딴 탑을
구상하고 건설한 것은 실용적인 목적보다
는 사람들에게 놀라움을 주고 감탄을
자아내기 위해서였거든. 이 에펠탑도
전체 구조를 지탱하는 '다리 부분
의 간격을 넓혀서' 건축물의 평형
을 향상시켰지. 즉, 평형유지 기반

을 넓혀서 바람의 작용에 효과적으로 저항할 수 있게 만든 것이란다.

─아하, 건축물에도 평형잡기가 굉장히 중요한 거군요. 그런데 바람의
작용이 그렇게도 중요한가요?

그럼, 아주 중요하다고 할 수 있지. 바람의 작용은 당연한 말이지만 바
람의 세기와 속력 등과 관계 있어. 예를 들어 너비 6미터, 높이 8미터 크
기의 집 외부에 가해지는 바람의 작용은 3톤 정도의 강도를 가지고 있
어. 또 다른 예를 들자면, 높이 3미터, 너비 4미터 크기의 상점 유리창에
가해지는 바람의 작용은 소형 자동차 한 대의 무게에 맞먹지.

300미터가 넘는 파리 에펠탑의 평형

에펠탑은 파리와 프랑스를 떠올리게 하는 구조물이다. 뿐만 아니라 금속 재료로 지어진 건축물을 대표하고 엔지니어링 예술의 상징으로 여겨진다.

에펠탑은 1889년 파리 만국박람회 때 건설되었다. 프랑스의 유명한 엔지니어 구스타브 에펠의 이름이 붙긴 했지만, 사실 이 탑은 엔지니어인 에밀 누기에와 모리스 쾨슐랭(두 사람 모두 에펠 사 소속 엔지니어)과 건축가 스테판 소베스트르가 공동으로 설계한 것이다. 구스타브 에펠은 이 밖에도 유명한 작품을 많이 건설했는데, 뉴욕에 있는 자유의 여신상과 프랑스의 가라비 철교가 대표적이다.

에펠탑은 안테나 정상 높이 324미터로, 높이 300미터가 넘는 거대한 금속 구조물이다. 아래쪽 받침대는 한 변의 길이가 125미터인 정사각형으로 이루어져 있다. 이 구조물은 무려 1만8천 개 이상의 금속 조각이 250만 개나 되는 조임용 못으로 연결되어 있다. 받침다리 4개는 기울어진 4개의 기둥 역할도 하는데, 위로 올라갈수록 가까이 모아지다가 마침내 하나로 연결된다. 받침다리는 각각 독립된 기초 위에 서 있다.

네 개의 다리는 2층과 3층에서 커다란 수평 트러스 보 4개로 연결되어 있다. 2층을 이루는 4개의 트러스 보 아래쪽의 아치는 구조적으로는 아무런 역할도 하지 않는 단순한 장식용 아치이다. 에펠탑은 큰 규모에 비하면 무게는 '가벼운' 편이다. 그렇지만 총 무게는 1만 톤이나 되며 그중 7천 톤은 금속 구조물의 무게다.

– 우아, 그렇게 커요? 그럼 에펠탑의 경우는 바람이 어느 정도나 작용하나요?

500톤에서 1천 톤 정도로 생각하면 된단다.

– 정말 놀라워요! 그런데 예술적으로 지은 건축물은 에펠탑 말고도 많이 있을 것 같은데요?

물론이야. 그런 건축물은 많이 있는데, 특히 만국박람회처럼 국가나 업계에서 자신의 노하우를 드러내기 위해서 많이 짓는단다.

힘의 평형 문제와 관련해서 여기서 살펴볼 만한 예로는 1958년 브뤼셀 만국박람회 때 건설된 두 가지 건축물이 있어. 이 박람회는 제2차 세계

브뤼셀의 '토목 공학의 화살'

장 반 도셀레레(건축가), 앙드레 파뒤아르(엔지니어), 자크 뫼샬(조각가)로 구성된 팀이 만든 이 작품은 아토미움과 함께 1958년 만국박람회의 상징적 건축물이다. 긴 화살이 앞으로 돌출되어 있는 모양으로 만들어진 이 구조물은 철골 콘크리트 절판 구조로 만들어졌으며 그 길이가 78미터에 이르고 하늘을 가리키고 있다. 이 화살과 마찬가지로 돌출된 전시실은 돔 모양의 지붕으로 덮여 있으며 화살과 균형을 이룬다. 이 구조물은 전체적으로 중앙에 있는 삼각대 위에 세워져 벨기에 토목공학 산업의 발전상을 보여 준다. 건축 목적은 벨기에 입체 지도 위로 나와 있는 육교를 지지해 주어 토목 산업 분야의 앞선 기술을 자랑하기 위한 것이었다. 이 작품에 대한 당시의 비평에 따르면, 이 화살은 토목 공학 분야에서 최고 난도의 '곡예'와 같은 기술을 선보인 것이라고 한다.

브뤼셀의 아토미움

이 작품은 건축물인 동시에 하나의 조각품이라고 할 수 있다. 철 결정을 1천650억 배 확대한 3차원 금속 골조로 이루어져 있는데, 1958년 만국박람회 때 벨기에 제철 산업을 소개하기 위해 업계의 요청으로 엔지니어 앙드레 와테르캥이 설계한 것이다. 이것은 삼각형의 알루미늄 판(지금은 스테인리스 스틸)으로 구성된 직경 18미터의 구 9개를 튜브로 서로 연결해 놓은 모양이다. 아래쪽에 있는 구(38쪽 그림에서 로 표시됨)들은 3개의 이중 받침대의 지지를 받아 작품 전체의 안정성을 유지하고 있다. 높이 102미터, 전체 무게 2천400톤에 달하는 이 구조물은 불과 14개월 만에 완공되었다.

대전 종전 후 처음 개최되는 것이었는데, 당시는 '황금의 60년대'를 앞두고 있는 시기라 무엇이든 다 가능할 것 같은 생각이 많았어. 첫 번째 건축물은 바로 '토목 공학의 화살(La fleche du genie civil)'이라고 하는 건축물이었어. 평형미의 극치를 보여준 이 멋진 작품은 아쉽게도 1970년에 현장에서 철거되었지. 두 번째 건축물은 다행히 지금까지 보존되어 있어. 오늘날 유럽의 수도로 불리는 브뤼셀의 상징 중 하나인 아토미움이야.

— 그 건축물 저도 알아요. 그런데 아토미움의 받침다리가 세 개인 것이 불필요하게 많다고 주장하는 사람들도 있다고 들었어요.

음, 그렇지 않단다. 사람들이 잘못 알고 있는 거지. 세 개 모두 없어서는 안 된단다. 아토미움은 정육면체를 각지게 세워둔 모양이라서 크게 돌출되어서 불안정해 보여. 하지만 대칭이 잘 잡혀 있기 때문에 건축물 자체의 무게가 크게 문제 되지도 않았어. 다만 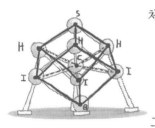 둥근 원형 공간으로 관람객들이 들어오고 바람이 불면서 발생하는 작용들 때문에 비대칭이 될 경우에는 문제가 생길 수도 있지. 그래서 비록 받침다리 세 개가 있더라도 힘의 평형을 확보하고 구조물에 우력이 작용하는 것을 제한하려면, 꼭대기의 둥근 공간 아래에 있는 세 개의 구형 공간(그림에서 H 부분)은 그냥 비어 있게 출입을 막아야 했단다.

— 그럼 그런 힘의 평형은 그렇게 멋지게 지은 건축물에서만 잘 활용되는 건가요?

전혀 그렇지 않아! 크게 화려하지 않은 건축물에서도 힘의 평형을 멋지게 드러내는 경우가 있단다. 가끔은 안에 숨겨져 있기도 하고 말이야. 어떤 경우에는 바람보다 더 강한 힘을 견뎌내게 지어야만 할 때도 있어. 바로 수

> **물체의 평형이란?**
> 물체를 평형하게 유지하려면 이 물체에 작용하는 힘의 **이동 평형**(미끄러짐)과 **회전 평형**(흔들림)을 확인해야 한다.

압에 따른 힘을 견디도록 하는 것이 그렇지.

  – 저희 집 어항처럼 말인가요?

  그것도 한 예라고 할 수 있지. 어항이나 수영장 뿐만 아니라 어마어마한 양의 물을 담고 있는 댐의 경우도 마찬가지란다.

  댐은 전력을 생산하는 역할과 함께 물을 저장 하는 역할도 하거든.

  – 알겠어요. 그러니까 댐은 엄청난 수압을 이겨내도록 평형을 유지해 야 한다는 말씀이시죠.

  그렇지. 댐의 안정성은 댐의 하중으로 견 뎌내야 해. 미끄러지거나 흔들려서는 안 돼. 이해를 돕기 위해서 두 사람을 삼발이 의자에 각각 앉혀서 미끄러짐과 흔들림에

대한 실험을 해 볼까?

  – 몸집이 크고 무거 운 어른보다는 어린 아 이가 앉아 있는 의자를 미는 것이 훨씬 쉬워요. 그리고 의자가 더 이상 밀리지 않는 경우에도, 어른보다는 어린 아이가

몸무게가 가벼운 어린이의 경우

몸무게가 무거운 어른의 경우

앉아 있는 의자를 흔드는 것이 더 쉽고요.

맞아. 그럼 댐 이야기로 다시 돌아가 볼까. 댐이 미끄러지지 않게 하려면, 땅 위에서 댐 전체의 '마찰력'이 수압에 따른 힘보다 더 커야만 해. 이 '마찰력'은 댐의 하중에 비례하며, 댐과 댐이 세워져 있는 바위 사이의 접촉면이 얼마나 거친가에 달려 있지.

강한 수압의 영향을 받으면 댐은 흔들릴 수도 있어. 이를 피하기 위해서는 댐의 하중에 따른 안정화 우력이 수압에 따른 전도 우력보다 커야 하지. 스위스에 있는 그랑딕상댐과 같은 유형의 콘크리트 댐의 안정성은 댐 하부 토대의 너비와 함께 특히 댐의 하중에 달려 있어. 이처럼 댐 자체의 무게만으로 수압에 견디는 댐을 중력댐이라고 해. 그런데

스위스 발레주의 그랑딕상 댐

이 중력댐은 스위스의 수력 발전 생산량 증대를 위해 1953년부터 1961년까지 알프스산맥에 건설되었다. 세계 최고의 높이와 유럽 최고의 규모를 자랑하는 매우 이례적인 대형 댐이다. 높이는 285미터에 달하여 에펠탑 꼭대기 층의 높이보다 더 높다. 폭은 748미터이며, 가장 윗부분의 두께는 15미터로, 아래로 내려갈수록 두꺼워져서 받침대 부분의 두께는 약 200미터에 이른다. 600만 세제곱미터의 콘크리트 덩어리로 이루어진 이 댐은 404헥타르의 면적에 4억 세제곱미터의 물을 저장할 수 있다.

콘크리트 댐 중에서도 그 구조를 이용해서 수압에 견디는 경우도 있단다. 바로 아치댐이 그렇지. 이에 대해서는 나중에 좀 더 자세히 알아보자꾸나.

– 에펠탑 같은 하나의 구조물에 대해서 이동 평형과 회전 평형도 확인해야 하는 것이지요?

> **벨기에 브뤼셀의 시청 탑**
>
> 고딕 양식의 이 건물은 1455년에 건설되었으며 건축가 장 반 뤼스브릭의 작품이다. 청사의 정상 부분에는 브뤼셀시의 수호자인 대천사 미카엘이 용을 무찌르고 있는 조각상이 서 있다. 조각상까지 포함한 이 탑의 총 높이는 96미터이다. 약 36미터 높이의 하층부는 사각형으로 되어 있다. 조각상을 제외한 상층부 55미터에는 3개의 '층'과 화살표가 포함되어 있으며 팔각형 모양으로 세워진 기둥 8개로 구성되어 있다. 탑의 외부 직경은 약 8.8미터이며 탑 전체가 이 지역에서 생산되는 돌로 만들어졌다.

그렇지. 그런데 탑의 경우에는 높이가 높기 때문에 미끄러짐보다는 흔들림에 훨씬 더 취약해. 따라서 주로 흔들림에 주의해야 한단다!

– 말로는 쉽지만, 실제로는 어떻게 해야 할까요?

탑을 안정적으로 서 있게 하려면, 탑의 아래쪽 받침대 부분을 넓혀 주어야 해. 이렇게 하면 안정화 우력의 받침점에서 힘점까지의 거리가 늘어나거든. 또 탑의 무게를 더 무겁게 하는 방법도 있어. 이 방법 역시 안정화 우력을 키워 주지.

– 그러니까 에펠탑처럼 강철로 만든 '가벼운' 탑의 받침다리는 간격을

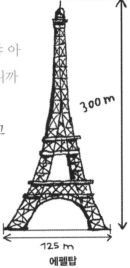

55 m

넓게 벌려야겠네요. 그래야 아
래쪽 받침대가 넓어질 테니까
요.

　정확하게 말했어. 그리고
같은 높이지만 돌로 지어
서 무게가 더 무거운 탑이
있다면 하부 토대가 더 작아
도 되므로 가늘고 날씬한 모
양이 가능하겠지.

브뤼셀의 시청 탑

300 m

125 m

에펠탑

　– 가늘다고요?

　여기서 탑의 가늘기란 탑의 높이와 아래쪽 받침대의 너비 사이의 비율
을 말해. 예를 들어 브뤼셀 시청 탑과 에펠탑을 비교해 보자.

　브뤼셀 시청 탑의 위쪽을 보면, 탑의 가늘기는 55미터 : 8.8미터, 즉
6.6 대 1의 비율이야. 반면 에펠탑의 경우에는 가늘기가 300미터 : 125
미터, 즉 2.5 대 1이지.

　– 그러니까 아래쪽 받침대의 너비가 같은 탑이 두 개 있다면, 무게가
더 나가는 쪽이 더 높고 더 가늘 수 있다는 것이네요!

　바로 그렇단다.

　– 이제 분명하게 알 것 같아요. 점점 재밌어져요! 그럼 지금까지 배웠
던 부분을 요약해 볼까요.

　● 건축물은 전반적으로 힘의 평형을 이루어야 한다.

- 건축물의 구조는 세 가지 구조적 기능, 즉 상판 잇기, 지지하기, 버팀대 대기 기능을 단독으로 가지고 있거나, 아니면 여러 기능을 공동으로 가지고 있는 요소들을 결합한 것이다.

– 그런데 모든 건축물에 유효한 이런 일반론을 다리면 다리, 건물이면 건물 등 각각의 개별 상황에 어떻게 적용해야 하는 건가요?

건축물의 기능이 무엇이든 그 역할은 다음과 같아.

- 어떤 활동을 덮고, 보호하고, 고립시킨다.
- 여러 활동을 겹쳐 준다(복층).
- 다리와 고가도로를 이용해서 장애물(강, 계곡 등)을 건넌다.
- 위로 지나거나(다리) 아래로 지나면서(터널) 교통의 흐름과 교차한다.

따라서 '상판 잇기' 기능을 사용하는 것이 가장 중요하다고 말할 수 있어. 물론 이 기능은 '지지하기'와 '버팀대 대기' 기능과 연결해서 사용되지.

따라서 이 '상판 잇기' 기능을 공부하면 전체적인 이해에 도움이 될 거야.

– 좋아요! 자, 그럼 출발해요!

그럼, 이제부터는 '상판 잇기'를 해 보자꾸나.

제 3 장

강과 계곡을 건너는 다리의 구조는?

강과 계곡을 건너게 해 주는 다리의 구조에 대해 알아보자.
그러기 전에 먼저 탁자와 나무, 받침점에 대해 말해 줄게.
그런 다음 영국의 웨일스와 스코틀랜드,
캐나다의 토론토로 가서 다양한 건축물을 살펴보자!

　－ 음, 다리 놓기에 대해 알아보러 출발할까요! 하지만 급하게 서두르지
는 말고 차근차근 알아가면 좋겠어요. 그럼, 먼저 이 탁자를 크게 확대해
봐요. 그러면 이것은 다리가 될 수도 있고 지붕이 있는
테니스 코트도 될 수 있을 거예요. 앞서서 삼발이
의자에서 살펴봤듯이 하나의 구조가 안정적이기
위해서는 다리가 세 개만 있으면 충분한데, 탁자
의 다리는 왜 네 개나 있는 건가요?

　세 개의 다리 위에 직사각형 판을 얹은 탁자는 자체 무게만 작용했을
때에는 안정적이야. 이 무게에 따른 힘이 탁자의 중심, 즉 중력(G)의 한가
운데에 적용되어서 세 다리가 이루는 삼각형 안으로 힘이 떨어지기 때문
이지. 바로 이 삼각형이 탁자의 평형유지 기반을 이루는 거야.

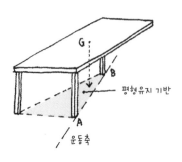

　－ 음, 조금은 더 이해가 되는 것 같기는
한데요……

　그런데 위의 조건에서 만약 탁자에 외부
힘이 작용하면 탁자의 상태는 불안정해지
고 말아. 가령, 탁자 위로 체중을 실어 눌
렀을 때처럼 말이지.

　－ 왜 그렇게 되는 건가요?

　그림에서 보는 것과 같이 탁자는 다리 A와 B를 연결하는 선의 주변에
서 흔들릴 위험이 있어. 따라서 그렇게 되지 않으려면 탁자의 무게에 따
른 안정화 우력이 탁자 위를 눌렀을 때 생기는 불안정화 우력보다 커야

해. 여기서 불안정화 우력은 탁자에 가해지는 힘의 크기가 클수록 커진
단다.

  – 그러다가 이 힘이 너무 강하면…… 꽈당!
하고 탁자가 쓰러지지요. 그런데 여기에서
도 또 우력 이야기가 나오네요. 결론적으로
탁자의 다리를 네 개로 만드는 편이 안정적
이고 신중한 방법이 되겠네요?

  그렇지! 그럼 서까래, 그리고 상판이 나무판자로 만들어진 탁자를 한

예로 들어볼게.

  –서까래요? 나무판자요?

  서까래란 단면이 직사각형 모양인 나
무 조각, 즉 나무로 된 작은 보(또는 빔
(beam)이라고도 함.)를 말해. 자, 여기서 탁자를 한번 뒤집어 보자! 그러
면 더 분명하게 알 수 있을 거야.

  – 아, 알겠어요. 서까래(보) 위에 널빤지가 놓여 있네요. 그리고 탁자
다리 위에 보가 있고, 그렇게 된 거군요.

  그렇다고 할 수 있지. 왜냐하면 우리가 알고 있듯이 버팀대 대기, 다시
말해서 탁자 다리를 가로 보와 세로 보에 끼워 박아서 전체적인 균형을 잡
아야 하기 때문이야. 이렇게 해서 세 가지 구조적 기능을 확인할 수 있어.

- **상판 잇기** : 널빤지와 서까래(보)
- **지지하기** : 탁자 다리(기둥)

● **버팀대 대기** : 서까래(보)에 탁자 다리 끼워 박기

여기에 있는 이 보는 각기둥 모양의 보로서, 목조 건축물에 사용되는
두꺼운 널빤지처럼 그 속이 채워져 있어. 각기
둥 형태를 하고 있어서, 각기둥의 밑변은 보의
단면이 되고 각기둥의 높이는 보의 길이에 해
당되지. 일반 통나무 역시 일종의 보라고 할

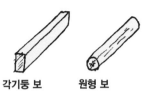

각기둥 보   **원형 보**

수 있는데, 이때에는 그 단면이 원 모양인 원형 보가 된단다. 그런데 만
약 탁자를 금속 재료로 만든다면 서까래는 튜브 형태가 될 거야. 이 같
은 튜브 역시 보에 해당하는데, 속이 채워져 있는
각기둥 보와는 반대로 속이 비어 있는 보가 되지.

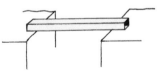

이 튜브는 다리야.

– 그렇다면 이 '튜브'로 다리를 만들 수도 있나요?

물론이야! 좋은 예로 튜브 두 개를 평행하게 놓아

영국 웨일스의 브리타니아 철교

이 다리는 철도와 증기기관차를 발명한
유명한 조지 스티븐슨의 아들인 영국의 엔
지니어 로버트 스티븐슨이 1850년에 건
설했다. 금속 튜브 형태로 만들어진 이 다
리는 메나이(Menai) 해협을 사이에 두고 앵
글시(Anglesey)섬과 육지를 연결하고 있다. 이
다리는 네 개의 교각으로 이루어져 있는데, 양쪽 끝에 있는 두 개는 길이가 짧고 가운
데 두 교각의 거리는 140미터에 이른다. 1970년에 파손된 이 다리는 다시 재건되었으
나 현재는 원래의 구조적 형태를 잃었다.

만든 다리 위로 기차가 다녔던 브리타니아 철교를 들 수 있단다. 아쉽게
도 1970년에 화재로 소실되고 말았지만 말이야.

 ─ 굉장해요! 그런데 좀 어리석은 질문이 될지도 모르겠지만, 보가 사실
어떤 '기능'을 하기는 하는 건가요?

아니야, 아주 좋은 질문이야! 앞으로 공부할 주제의 진도를 나가려면,
먼저 단단하고 안정적인 토대를 만든 다음, 그 위에 생각을 쌓아 나가는
작업이 꼭 필요하지, 그렇고 말고!

 ─ 그렇죠!

그럼 우리가 앞서 다루었던 작용과 반작용 이야기
에서 다시 시작해 볼까.

 ─ 그건 잘 기억하고 있어요! 제가 손가락으로 탁자의 널빤지를 누르면,
제가 작용하는 것이고, 널빤지는 반작용을 하는 거예요.

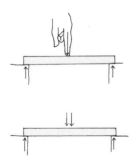

작용과 **반작용**은 서로 일직선으로 잘 정렬되
어 있어. 그런데 보의 경우에는 이야기가 달라.
왜냐하면 보의 궁극적인 목적은 작용과 반작
용이 서로 겹치지 않게 하여 다리 잇기를 가능
하게 하는 것이기 때문이지. 보의 가운데를 누
르면 이때 가해진 힘은 좌우에서 각각 반씩 흡
수돼. '머릿속으로 정
리해 보면', 보에 가해지는 힘을 둘로 나누어볼
수 있고, 이렇게 반으로 나누어진 힘은 보를 이

등분했을 때 양쪽에서 반씩 흡수되는 거야.

– 그러면 이 두 부분을 분리시켜서 보를 둘로 잘라도 되는 건가요?

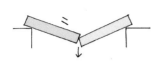

아니, 그러면 안 돼. 왜냐하면 두 부분으로 자르면 그림과 같이 모두 떨어져 버리게 되거든. 그러니까 두 부분이 함께 '역할을 하도록' 해야 해.

– 하지만 어떻게 '함께' 하게 하나요?

둘로 잘라진 보가 있다고 가정해 보자. 가능한 한 적은 재료를 사용해서 이 두 부분이 함께 '역할을 하도록' 하려면 어떻게 해야 할까?

– 아래쪽만 다시 이어 붙여서 두 부분을 연결하면 될 것 같아요.

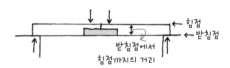

그렇지. 아주 훌륭한 생각이야! 예를 들

보와 내력의 관계는?

보가 내력을 지니기 위해서는 작용과 반작용 사이의 '간격' 때문에 생긴 외부 우력이 내부 우력과 평형을 이루어야 한다. 여기서 내부 우력은 보의 아래쪽에 나타나는 인장 응력과 보의 위쪽에 나타나는 압축 응력에 의해 형성된다. 이 내부 우력의 받침점에서 힘점까지의 거리는 이 응력들 간의 거리에 대응하는데 보의 높이보다 약간 짧은 값이다. 이렇게 해서 보의 높이가 높을수록 이 응력들의 크기는 약해진다. 따라서 보의 높이가 높을수록 강한 내력을 갖는다.

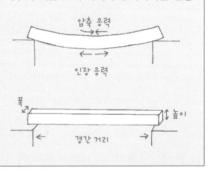

어, 둘로 나누어진 보의 양쪽에 작고 얇은 판자를 고정시키면 이 판자가 보의 아래쪽에서 발달한 **인장력**을 흡수하여 두 부분이 다시 연결되는 것이지. 보의 윗부분은 아무 문제 없이 '저절로 문제가 해결되어', 두 조각으로 나누어진 보가 '서로 붙어서' **압축력**이 생기는 거야. 그리고 보의 아랫부분은 작은 판자를 덧댄 덕분에 인장력에 대한 재료의 내력이 회복되었고 이로써 보의 내력도 회복된 것이지.

　– 이제 알겠어요. 그러니까 보의 강도는 우선 보를 이루는 재료의 강도에 따라 달라지는 것이군요.

실제로 보에 작용하는 외력은 보의 내부에서 응력을 유발하고, 이 응력은 보를 이루는 재료의 내력에 의해 흡수돼. 여기서 응력은 인장력 또는 압축력을 말해. 인장력에 강한 자재(철강이나 나무)도 있는 반면, 인장력에 강하지 않은 자재(돌이나 벽돌 구조와 콘크리트)도 있단다.

인장력

압축력

압축력에 대해서는 거의 모든 재료가 강한 내력을 지니고 있어. 따라서 보에는 인장력과 압축력이 모두 작용하기 때문에 보의 재료로 벽돌이나, 돌, 콘크리트 대신 인장력이 강한 나무나 금속을 사용해야 하지.

　– 콘크리트도 안 된다고요? 하지만 주변에서 콘크리트로 만든 보를 많이 보았는데요.

콘크리트와 철근 콘크리트

콘크리트와 강철을 결합하기 시작한 것은 19세기 말로 거슬러 올라간다. 주로 프랑스의 프랑수아 엔비크(1842-1921)가 이 두 가지를 결합하는 방법을 개발했다. 사실 모르타르(모래, 시멘트, 물의 혼합물)에 자갈돌을 섞어 만든 콘크리트는 이보다 훨씬 오래 전부터 사용되었다. 고대 로마인들은 석회와 화산재를 기본 원료로 한 천연 시멘트를 사용하면서 콘크리트를 다양한 곳에 사용해 왔다. 로마에 있는 판테온 신전의 돔

철근 콘크리트

도 콘크리트로 지어진 것이다. 일부 과학자들은 이집트의 피라미드에 사용된 블록들도 콘크리트라고 주장한다. 19세기 중엽에 지엽적으로 몇 차례 사용된 바 있던 철근 콘크리트는 20세기 초가 되자 글자 그대로 폭발적으로 애용되기 시작하여 오늘날에 와서는 절대 없어서는 안 되는 건설 자재가 되었다.

그런 보는 콘크리트로만 된 것이 아니라 **철근 콘크리트**로 구성된 것이야. 철근 콘크리트는 말 그대로 콘크리트와 철근을 합쳐서 만든 것이지. 이 경우 콘크리트는 압축력에 잘 견디고, 콘크리트 속 안에 들어 있는 철심은 인장력에 강해.

  – 그런데 철강으로만 만든 보는 왜 없나요? 철강은 압축에도 잘 견딜 텐데 말이에요?

꽤 훌륭한 질문인걸! 그런데 좋은 질문들이 다 그렇듯 질문에 대한 정답이 딱 하나만 있는 것이 아니지. 음, 그러니까 철근 콘크리트는 철강보다 불에 강하기도 하고, 또 철근과 콘크리트를 합하면 만들기도 쉽고, 콘크리트를 틀에 부어서 모양을 만들기 때문에 어떤 형태로도 만들 수 있다는 등의 장점이 있어. 하지만 비용이 문제가 되기도 하고, 지역별로 관례적으로 사용하는 방식에 따라 달라지기도 한단다. 예를 들면, 미국에서는 중간 규모의 건물을 지을 때 대부분 철강을 사용하는 반면, 유럽에

서는 대체로 콘크리트로 만들거든.

 - 재료가 철강이든, 나무든, 철근 콘크리트든 간에, 보는 두 개의 받침점에서 받쳐져 지지를 받아야 보가 되는 것이지요. 지점이 하나라면 부족할 테고, 셋이라면 너무 많을 것이니, 두 개가 딱 적당한 수네요. 이것이 바로 정적 평형상태의 보가 되겠군요. 그런데 앞에서 우리는 외부적 관점에서 하나의 고체가 정적 평형상태를 유지하려면 받침대가 세 개 필요하다고 배우지 않았나요?

맞아. 그런데 삼발이 의자를 두고 이야기했을 때에는 현실 세계, 즉 3차원 공간에서 생각한 것이었어. 반면 보를 그리고 있는 지금은 '종이 위의 공간', 즉 2차원 공간에서 생각하는 것이지. 이 2차원 공간에서는 받침점이 두 개만 있어도 하나의 구조물이 외부적 관점에서 정적 평형상태에 있을 수 있단다.

 - 그럼 2차원 공간에서는 삼발이 의자도 다리가 두 개만 있으면 되겠네요!

바로 그것이지!

 - 그러니까 제가 그림을 그리는 이 종이 위의 2차원 공간에서는 모든 보에 최소한 두 개의 받침점이 있어야 하는 거네요. 그런데 나무에 붙어 있는 가지의 경우는 받침점이 한 개뿐이잖아요!

그래. 하지만 가지는 나무의 몸통이나 다른 가지 안에 끼워져 있지. 이 경우 나뭇가지에 가해지는 작용과 받침점에 가해지는 반작용 사이의 간격 때문에 외부 우력이 생기는데, 이때 나뭇가지를 나무 몸통에 끼워 붙

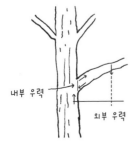

임으로써 발생한 외부 우력은 내부 우력에 흡수된단다.

– 그러니까 나뭇가지에 적용되는 이 같은 성질은 널빤지에 박힌 못이나 땅에 뿌리내리고 있는 나

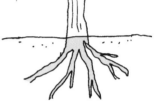

무의 몸통에도 똑같이 적용되겠군요?

그렇지. 대체로 그렇다고 할 수 있어. 나뭇가지와 몸통이 붙어서 전체적으로 하나를 이루는 것은 널빤지에 못이 박힌 경우와 같다고 할 수 있지. 하지만 땅에 심은 나무의 경우 몸통이 땅속에 박힌 것이 아니야. 몸통은 땅속에서 고정 장치를 형성하는 나무뿌리에 연결되어 있는 것이지.

– 그렇다면 탑의 경우는 어떻게 되나요?

앞에서 보았듯이, 탑의 경우에는 그 형태와 둘레, 하중에 따라 달라져. 우리가 이미 살펴보았던 에펠탑이나 브뤼셀 시청 탑은 땅속에 고정되어 있지 않고 땅 위에 '놓여' 있다고 할 수 있어. 물론 지표면에 살짝 놓여 있는 것은 아니고, 땅에서 충분한 저항력을 가질 수 있도록 깊숙하게 '놓여' 있는 것이지. 하지만 이들보다 둘레의 길이가 짧고, 굵기가 가늘거나 무게가 가벼운 탑은 인장력에 대한 저항력이 있는 말뚝을 이용해서 땅속

기초 공사용 말뚝

내부 우력

외부 우력

에 고정시켜야 해. 이때 사용되는 말뚝은 땅속에 탑이 박히면서 생기는 우력을 흡수하는 역할을 하는 거야. 탑에서 일종의 뿌리 역할을 한다고 할 수 있겠지.

– 그러니까 가늘고 긴 탑은 나무의 몸통처럼 땅속에 뿌리를 내리고 고정되어 있는 것이군요. 그리고 탑의 단면은 하부 토대에서 꼭대기로 올라가면서 둘레의 길이가 줄어드는 것이고요.

그렇지. 바로 캐나다 토론토에 있는 CN 타워의 경우가 그래. 이 탑은 세계에서 최고로 높은 통신 탑이지.

– 놀랍네요! 탑이 지면으로 내려갈수록 둘레가 점점 넓어지는데 이것을 어떻게 설명하면 좋을까요?

탑의 높이가 높을수록 탑에 작용하는 바

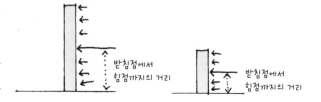

캐나다 토론토의 CN 타워

1976년에 준공된 후 캐나다 국립 타워라는 공식 명칭을 얻었으며, 이 탑의 전체 높이는 553미터이다. 관람객들은 지상 350미터에 위치한 식당과 전망대까지 올라갈 수 있다. 2007년 두바이에 있는 부르즈 칼리파 타워가 건설되기 전까지만 하더라도 CN 타워는 세계 최고 높이의 탑이었다. 건축가 존 앤드루의 작품인 이 탑은 Y자형 단면과 철근 콘크리트로 된 긴 '지주'로 이루어져 있다. 위쪽으로 갈수록 Y자형 모양의 단면에서 가지의 길이가 짧아진다.

람의 총 응력은 커져. 그리고 이 응력의 받침점에서 힘점까지의 거리도 마찬가지로 멀어지지. 따라서 탑의 토대에 작용하는 외부 우력(바람의 총 응력에 받침점에서 힘점까지의 거리를 곱한 값)은 탑의 높이가 높아짐에 따라 빠르게 증가한단다. 그런데 탑의 토대에서 작용하는 저항력 때문에 내부 우력이 생기는데, 이 내부 우력은 외부 우력과 크기가 같아야 하므로(작용=반작용) 탑의 높이가 높아질수록 더 커져야 해. 따라서 저항력에 따른 내부 우력을 증가시키려면 탑의 토대를 더 크게 만들어야 하지. 그러므로 탑의 높이가 높아질수록 탑의 토대 부분의 단면이 넓어져야 하는 거야.

사실, 높이가 높은 탑은 여러 개의 탑을 위로 쌓아 올린 것이라고 생각할 수 있어. 그래서 높이가 300미터인 탑이 있을 때, 200미터 높이의 탑은 300미터 탑의 200미터 높이에 대응하고, 100미터 높이의 탑은 300미터 탑의 100미터 높이에 대응하는 셈이 되지. 물론 이것은 대략적으로만 그렇다는 것이

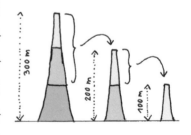

야. 실제로는 고도에 따라서 바람의 압력이 변하기 때문에 탑의 높이에 따라 정확하게 대응시키기 힘들단다.

– 알겠어요. 그런데 탑의 단면은 어떤 모양인가요? 토론토에 있는 탑은 (Y자처럼) 가지가 세 갈래로 뻗어 있는 것 같은데, 둥근 단면을 한 탑도 본 적이 있거든요.

종이 위 평면상의 2차원 공간에서는 탑은 단순히 납작한 모양이야. 하지만 현실 속 3차원 공간에서는 여러 가지 해법이 가능해. 탑의 단면은 원형일 수도 있으며, 사각형, 삼각형, 십자형 또는 토론토의 탑처럼 모든 방향에서 불어오는 바람의 작용에 저항할 수 있도록 Y자형이 될 수도 있지.

탑의 여러 가지 단면 모양

－ 세 갈래라고 하면 삼발이 의자의 다리 세 개와 같군요! 굉장해요! 이것은 우리가 3차원 공간에 있기 때문이지요! 음, 한 걸음씩 진전이 있는 것 같은데……. 구조의 세계를 탐험하는 데 도움이 될 만한 새로운 '사물'도 생겼고요. 바로 각기둥 모양의 보 말이에요. 이 각기둥 보는 두 개의 받침점 위에 놓을 수도 있고 아니면 한쪽 끝을 끼워 박아서 붙일 수도 있어요. 그런데 이 보가 안정성이 있는지 모르겠네요? 어디 한번 시험해 볼까요! 어? 문제가 하나 있네요! 자, 보세요. 제가 이 보 위에 '올라서니까' 제 몸무게에 따른 수직 방향의 힘이 보에 가해졌고, 이뿐만 아니라 수평 방향의 힘도 가해졌어요. 그런데 보가 고정되어 있지 않아서 이 수평 방향의 힘을 견디지 못하고 미끄러져 떨어지고 말았어요. 그리고 저 역시

함께 떨어졌고요! 그러니까 보를 고정시켜야만 하는 것이군요!

그래. 하지만 염두에 둬야 할 사항이 있어. 보가 자유롭게 팽창할 수 있어야 한다는 사실이야.

– 자유롭게 팽창할 수 있어야 한다고요?

모든 사물이 다 그렇듯이 보 역시 열이 가해지면 팽창하거나 수축한단다. 만약 온도가 상승할 때 보의 양쪽 끝이 고정되어 있다면 이 보는 팽창할

보의 팽창

보의 수축

수 없게 되고 응력이 생겨. 그러면 변형되어 휘어지고 말지. 반대로 온도가 떨어지면 보는 수축해. 그런데 양끝이 고정되어 있다면 응력이 발생해서 보는 끊어지고 말 거야. 그러므로 보의 **받침점**은 자유롭게 팽창할 수 있어야해.

– 아하, 받침점에 대한 개념은 이제 확실히 알겠어요. 보는 한 개 또는 두 개의 받침점 위에 두어야 하는 것이죠? 그런데 받침점이 왜 두 개를 넘으면 안 되나요?

그것은 보를 과잉 평형상태에 두지

세 가지 유형의 받침점

1. 롤러 지점에서는 회전과 수평 이동은 가능하지만, 수직 이동은 할 수 없다.
2. 링크 지점에서는 회전만 가능하다.
3. 고정 지점에서는 어떠한 이동도 불가능하다(돌출부를 만들 때 반드시 필요함).

이동이 가능한 정도를 두고 '자유의 정도'라고 한다.

1   2   3

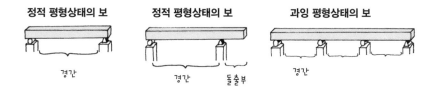

않으려고 하기 때문이야. 앞서 살펴보았던 삼발이 의자의 경우와 마찬가지야. 보가 딱 알맞은 수의 지점에 연결되어 있으면 정적 평형상태에 있는 것이고, 너무 많이 연결되었으면 과잉 평형상태에 있는 거란다.

　– 그렇다면 과잉 평형상태에 있는 보를 사용하는 일은 절대로 없는 것인가요?

　아니, 사용할 수도 있어. 그 이유는 여러 가지가 있는데, 보가 과잉 평형상태에 있으면 더 견고하고 잘 변형되지 않으며, 응력이 고르게 분산되어서 재료 소모가 적기 때문이란다. 어떻게 보면 과잉 평형상태에 있는 보의 경우, 기둥 사이의 거리인 경간이 서로 맞물려 붙어 있는 셈이라고 할 수 있지.

　– 탁자의 다리가 보에 끼워져 있는 경우처럼 말이지요.

　바로 그거야! 이렇듯 보를 지지해 주고 있는 여러 기둥에 보가 끼워져 있을 때 그 전체를 주랑이라고 해.

　– 그러니까 탁자의 경우, 주랑 위에 상판이 놓여 있는 것과 같군요.

　그렇단다. 그런데 이 경우에 주랑은 주로 탁자의 버팀대 역할을 하는 거야. 이 이야기는 나중에 다시 하도록 하자.

　– 여하튼 제가 관심이 있는 분야는 다리의 상판이에요. 보가 있으면

다리의 상판을 만들 수 있는 것이지요?

맞아. 이 상판을 교량 바닥이라고 부르지. 여기서 우리는 이 교량 바닥을 만들기 위해 보와 평판을 사용할 거야.

교량바닥

— 음! 그림을 보면, 보를 세로로 놓고 그 위에 평판을 얹어서 만든 교량 바닥이 있어요. 그런데 조금 이상하게 생긴 '보'로 만든 거더교(수평으로 놓인 보를 수직으로 세운 기둥이 받치는 구조의 다리)가 고속도로 위를 지나는 것을 본 적이 있어요…….

아마 '캔틸레버(외팔보: 한쪽 끝은 고정되고 다른 쪽 끝은 받쳐지지 않은 상태의 보)'식 다리를 본 걸 거야. 다리의 가운데 부분이 양쪽 측면에 있는 경간의 '돌출부' 위에 놓여 있는 것 말이야. 이 원리를 좀 더 큰 규모로 적용한 다리가 바로 1890년에 스코틀랜드에 건설된 거대한 규모의 그 유명한 포스만 대교지. 이 다리의 '기능'을 이해하기 쉽도록 다음과 같이 생각해 보자. 오른쪽 그림에서 보는 것과 같이 세 사람이 서로 연결되어 있어. 중앙에 있는 사람은

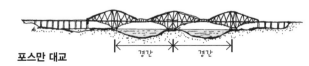

포스만 대교

경간   경간

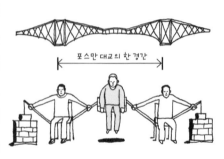

포스만 대교의 한 경간

다리에 있는 두 경간 위에 놓여 있는 교량 바닥 중 하나야, 이 사람은 양쪽 옆에 있는 사람들이 받치고 있는 판자 위에 앉아 있는데, 발이 땅에 닿지 않고 떠 있어. 그리고 양쪽에 있는 사람들은 가운데 사람을 들고 있는 것 같지. 그렇다면 양쪽에 있는 사람들은 힘들지 않을까? 그렇지 않단다. 잘 들어보렴.

스코틀랜드의 포스만 대교

1890년에 강철로 건설된 이 철교는 포스(Forth)만의 남쪽과 북쪽을 이어주는 다리로서 총연장이 2.5킬로미터에 이른다. 다리의 중앙 부분에 두 개의 경간이 있는데, 각 경간의 가운데에 있는 작은 교량 바닥은 양쪽에 있는 거대한 마름모형 구조물의 돌출된 끝 부분에서 지지를 받

고 있다. 그리고 이 마름모형 구조물은 땅과 연결되어 지지되고 있다. 이렇게 '캔틸레버, 즉 외팔보' 공법을 사용함으로써 가운데 두 경간의 경우 경간의 길이가 521미터에 달하여, 당시 최대 규모의 현수교가 자랑하던 경간 길이를 훌쩍 뛰어넘었다. 이 다리는 엔지니어 존 파울러와 벤저민 베이커의 공동 작업으로 이루어낸 결실이다.

양쪽 옆에 있는 사람들에게는 두 가지 우력이 가해지고 있어. 하나는 불안정 우력인데 이것은 가운데 사람의 몸무게 때문에 생기는 것이며, 다른 하나는 안정 우력인데 이것은 가운데 사람의 몸무게와 균형을 이루도록 하는 평형추 때문에 생기는 것이지. 양쪽의 두 사람은 바로 이 두 가지 우력의 작용으로 평형 상태에 있을 수 있단다.

— 네, 알겠어요.

전체적인 평형 상태를 분석
하고 이해했으니 이제 좀 더 깊
이 들어가 볼게. 양쪽 옆에 있
는 두 사람이 나타내는 거대한
마름모 구조의 기능을 분석해 보자꾸나.

　─ 그래요, 더 자세히 살펴보아요.

가운데 사람의 몸무게와 그 평형추 무게의 영향을 받아 양쪽에 있는
사람들의 팔이 끌어 당겨지면 이들이 잡고 있는 의자에 고정된 막대는
압축력을 받아. 이렇게 팔에 가해지는 인장력은 어깨 높이에서 평형을 이
루게 되어 두 사람의 척추에는 압축력이 작용해. 이들이 쥐고 있는 막대
에 가해진 압축력은 의
자 좌석 높이에서 평형을
이루며 또한 의자 다리에
압축력이 가해지도록 만
들지.

　─ 그러므로…… 가운
데에 있는 사람의 몸무게
는 양쪽에 있는 사람들
과 이들이 앉아 있는 의
자의 다리를 통해서 땅으
로 전달되는 것이군요.

이 장에서 짚고 넘어가야 할 다리 용어

교량 바닥은 다리의 '상판'으로, 보와 평판으로 구성
되어 있다. 교량 바닥의 양쪽 끝 부분은 측벽 위에
놓여 지지를 받는다. 만약 다리에 중간 받침점이 있
다면 이를 **교각**이라 부른다. 또한 연속된 두 개의 받
침점 사이의 거리는 **경간**이라고 하며, 경간의 길이
를 **경간 거리**라고 한다. 다리 아래에서 다리까지의
높이는 **자유 높이**라고 한다. 교량 바닥의 양끝에는
교량 바닥과 측벽을 이어주는 **접합부**가 있다.

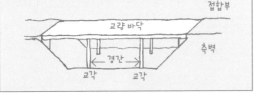

바로 그렇단다!

– 이제야 확실히 알겠어요. 처음에는 너무 욕심부리지 말아야지 하고 생각했지만, 이제는 탁자 문제를 떠나서 포스만 다리까지 알게 되었네요! 발전하는 느낌이 들어 뿌듯해요.

여기서 잠깐, 지금까지 배운 것을 정리해 보는 것이 좋을 것 같지 않니? 지금까지 우리는 보와 평판을 이용해서 상판 잇기에 대해 알아보았어. 두 개의 받침점 위에 놓여 있거나 맞물려 끼워져 있는 정적 평형상태의 보에서부터 돌출부에 연결되어 있는 보, 과잉 평형상태의 보, 조금 이상하게 생긴 캔틸레버, 즉 외팔보에 이르기까지 보의 종류는 여러 가지야. 마치 대가족을 이루고 있는 것과 같지! 지금까지 여행을 순조롭게 진행해 왔는데 여기서 멈추면 안 되겠지! 다시 탁자 이야기로 돌아가서 거기에서 다른 아이디어를 더 얻을 수는 없는지 살펴보도록 하자꾸나.

그런데 다음 장으로 넘어가기 전에, 지금까지 자주 사용되었던 다리에 관한 용어를 확실히 짚고 넘어갈 필요가 있어. 무엇이냐 하면 다리의 **교량 바닥, 측벽, 교각, 접합부, 경간과 경간의 거리** 등이지.

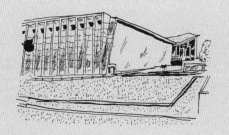

제 4 장

건물의 지붕을 이루는
절판 구조는 뭘까?

자, 이제 좀 더 구조물의 세부적인 부분으로 들어가 보자.
이 장에서는 종이비행기와 철근 콘크리트 판에 대해
알아볼 거야. 그리고 이를 적용한 건축물을 찾아
프랑스 파리에서 스페인의 마드리드로 여행해 보자!

– 음, 본격적으로 시작하기 전에 앞서 다루다 만
탁자 이야기로 다시 돌아가 볼게요. 이 탁자는
얇은 판자들을 보 위에 얹어서 만들었어요. 그
런데 얇은 판자 여러 조각을 사용하는 대신 커
다란 널빤지 한 장만으로도 탁자를 만들어 볼 수 있을 거예요. 어디 한
번 시험해 볼게요. 음, 아무래도 이렇게 해서는 안 되겠어요. 널빤지가 너
무 유연하군요. 어떻게 하면 이걸 견고하게 만들
수 있을까요? 아, 종이비행기를 접을 때처럼 접어보
면 되겠군요. 자, 접었더니 이런 결과물이 나왔어요!
하지만 이렇게 만들어진 탁자는 매끄럽지 않아서 문제
가 되겠네요. 이 방법은 탁자를 만들기에는 그리 적합하지 않지만 그래
도 지붕을 만들 때에는 꽤 괜찮은 방법이 될 것 같아요……

맞아, 아주 정확하게 이야기했어. 바로 이런 원리
를 바탕으로 철근 콘크리트로 된 **절판 구조***의 지
붕을 만든다.

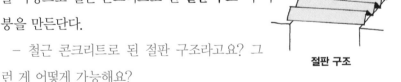

절판 구조

– 철근 콘크리트로 된 절판 구조라고요? 그
런 게 어떻게 가능해요?

철근 콘크리트 판은 너비와 길이에 비해 두께가 매우 얇아. 보통 5에서

***절판 구조** : 판을 주름지게 하여 하중에 대한 저항을 증가시키는 건축 구조다. 종이를 주름지게 접으면
견고해지듯이 나무, 강철, 알루미늄, 철근 콘크리트 등을 여러 번 접는 형태를 말한다.

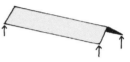

20센티미터지. 하지만 판을 '접었기' 때문에 견고해지고 저항이 증가해. 절판 구조를 보여주는 간단한 예로 V자를 거꾸로 뒤집어 놓은 모양의 보를 들 수가 있어. 이 보의 양쪽 끝에 높이는 다르지만 마찬가지로 V자를 옆으로 누인 모양의 판을 붙이면 절판 구조로 이루어진 주랑이 만들어져. 유네스코 본부에 있

절판 구조로 된 주랑

는 계단식 강당의 지붕은 바로 이 원리를 토대로 만든 건축물의 좋은 표본이라고 할 수 있지. 이렇게 접으면 견고해지고 저항이 증가하는데, 구불거리게 만들어도 같은 결과를 얻을 수 있어. 이것이 바로 1935년에 에두아르도 토로하가 스페인 마드리드에 있는 자르주엘라 경기장의 객석 지붕을 만든 방법이란다.

자르주엘라 경기장의 객석 지붕

– 와! 철근 콘크리트로 만든 이 얇은 판은 썩 멋진데요!

얇은 판으로 만든 이 보의 장점은 위로 무언가를 받쳐주는 역할(보)을 하면서 이와 동시에 그 자체도 위에서 덮어주는 역할도 하는 것(지붕)에 있지. 평범한 객석에는 앞으로 돌출된 보가 있어서 이것이 별개의 지붕을 받쳐주는 역할을 해. 반면, 여기서는 이 모든 기능이 하나 안에 다 들어 있는 올인원 구조인 셈이지!

– 굉장해요! 아주 멋진 작품들이기도 하고요! 그런데 이런 얇은 판으로 된 구조물들이 많이 있나요?

그렇게 많지는 않단다. 예를 들자면, 우리가 앞에서 구경했던 '토목공학의 화살'에서 크게 돌출되어 나와 있는 부분도 얇은 판으로 되어 있어. 그런데 이런 얇은 판도 단점이 있지. 이 구조를 만들려면 콘크리트 거푸집을 설치하고 이를 튼튼하게 지탱해 주어야 하는데, 이것은 일손이 많이 필요한 작업이라 비용도 만만치 않거든. 그래서 오늘날에는 이보다 만들기 수월한 금속이나 케이블, 섬유로 된 구조물을 더 선호하지.

— 비록 지금은 그렇게 많이 사용되지 않는다고 하지만, 얇은 콘크리트 판에 대한 설명을 들으니 전반적으로 구조를 이해하는 데 도움이 되어요. 이제 좀 더 확실하게 맥이 잡히기 시작했어요. 자, 앞으로 진도를 더 나가기 전에 그네에 앉아 잠시 쉬어야 겠어요. 어, 그리고 보니 그네도 하

프랑스 파리의 유네스코 본부 강당

이 강당은 유네스코 본부의 건물 중 하나로, 1954년에서 1958년까지 건축가 마르셀 브로이어와 루이 제뤼퓌스, 엔지니어 피에르-루이기 네르비가 건설했다. 건물 평면은 사다리꼴 모양으로 세로 길이는 평균 68미터이며 가로 길이는 34미터부터 60미터에 이른다. 이  강당의 지붕은 세 줄로 이어서 서 있는 받침점의 지지를 받는 철근 콘크리트 절판 구조다. 이것은 뒤집어진 V자 모양 단면을 가진 보 12개가 연속으로 놓였을 때와 같은 기능을 한다. 이 보들의 높이는 높았다가 낮아지며 불규칙적인데, 세 개의 열로 세워져 있는 받침점에서 지지를 받는다. 건물의 양끝 부분에 있는 받침점은 건물 전면의 절판 구조와 만나서 반-주랑 형태를 띤다. 건물 중앙 받침점에는 사다리꼴 단면의 기둥들을 일렬로 배열하여 지지하도록 했다.

나의 구조물이군요!

 그렇지! 이렇듯 우리의 주변 곳곳에서 여러 가지 구조를 발견할 수 있
단다!

스페인 마드리드의 자르주엘라 경기장

 철근 콘크리트 절판 구조로 만든 걸작이
라고 할 수 있는 이 타원형 경기장은 엔지
니어 에두아르도 토로하와 건축가 카를로
아르니슈, 마틴 도밍게스가 공동 작업으로
이루어낸 결실이다. 1935년에 공사를 시작
해 1936년에는 공사가 많이 진척되었으나,
스페인 내전(1936년~1939년)으로 중단되
었다가 1941년에 완공되었다. 지붕은 내전
기간 동안 폭격을 수차례 받아 훼손되기는
했지만 붕괴되지는 않았다! 이 경기장이 특
별한 이유는 객석의 지붕이 철근 콘크리트 '절판 구조'로 이루어져 있어서 돌출부의
가장자리 두께가 5센티미터에 불과하기 때문이다! 절판 구조의 '주름' 덕분에 판이 견
고해지고 내력이 증가해서 12.6미터나 돌출될 수 있었다. 지붕은 계단식 좌석의 상층
부에 있는 기둥 위에 놓여 있다. 뒤편에 설치된 이음보는 지붕이 돌출부의 무게를 받
아도 흔들리지 않도록 해준다.

제 5 장

구조에 작용하는 응력은
어떻게 이동할까?

이 장에서는 나무와 그네, 그리고 자전거 바퀴를 자세히
살펴볼 거야. 건축물이나 사물의 구조를 이해하기 위해서는
응력, 즉 응집력이 어떻게 이동하는지를 알아야 하거든.
그런 뒤에 여기서 배운 원리가 적용된 건축물을 찾아
프랑스로 간 다음, 베네수엘라를 거쳐 영국으로 가 볼 거야.

― 계속해서 생각을 이어가 볼게요. 그네의 경우를 볼까요? 삼발이 의자나 탁자와는 좀 달라요. 그네에 앉아 있으면 발이 땅에 닿지 않아요. 삼발이 의자나 탁자처럼 좌석도 '기둥' 위에 놓여 있지 않고요! 신기하지 않나요? 앞서 포스만 대교를 설명할 때 나왔던 가운데 사람과 비슷한데요. 그럼 응력의 이동 경로를 한번 따라가 볼게요. 그네에 앉아 있는 저는 그네에 붙어 있는 끈에 의존해서 나뭇가지에 매달려 있어요. 그리고 나뭇가지는 나무의 몸통에 박힌 채 붙어 있고요. 이렇게 맞물려 붙어 있기 때문에 제 몸무게가 나무의 몸통으로 전달되고 다시 나무의 몸

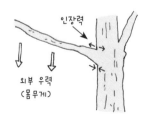

인장력

외부 우력
(몸 무게)

통을 타고 땅으로 '내려가요'. 그런데 그네에 가해진 몸무게와 나무 몸통의 축 사이에 간격이 생겨서 우력이 발생하는데, 나무 몸통이 땅속에 뿌리 박혀 있어서 이 우력을 흡수해요. 이제 남은 것은 내력이 충분한 나뭇가지가 잘 버텨주기만 하면 되지요.

우리가 이미 알다시피, 나뭇가지의 위쪽 섬유에 작용하는 인장력이 나무의 내력보다 커서는 안 돼. 그렇지 않으면 그림처럼 가지가 부러지고 말아!

― 다시 응력의 이동 이야기로 돌아가 봐요. 저는 이동 경로라고 하는 이 말이 참 마음에 들어요. 마치 응력이 한 바퀴 산책을 하는 것 같다는 느낌이 들거든요.

하중은 결국 땅으로 돌아오게 되어 있어. 이때 하중은 기둥을 통해서 직접 땅으로 내려갈 수도 있고, 케이블을 거쳐서 간접적으로 기둥으로 전달될 수도 있지.

– 그러니까 기둥은 응력을 내려가게 만들고, 케이블은 응력을 올라가게 만드는군요. 아하, 케이블은 기둥을 뒤집어 놓은 것으로 보면 이해가 쉬워요. 그렇다면 케이블과 기둥, 이 둘은 같은 것이나 마찬가지라고 생각해도 되나요?

꼭 그런 것만은 아니야. 아주 가늘지만 강도가 높은 큰 막대를 한 예로 들어볼게. 왼쪽 그림처럼 막대가 위에 달려 있으면 내가 막대를 잡고 매달릴 수 있겠지. 인장력의 작용으로 이 막대가 내 몸무게를 완벽하게 지탱해 줄 테니까. 하지만 오른쪽 그림처럼 막대 위로 몸을 실으면 막대는 힘을 잃고 무너져 버리지.

– 앗! 찰리 채플린의 지팡이와 같은 경우네요. 그런데 왜 그렇게 되는 건가요?

재료를 끌어당기면 인장력이 가해져 재료를 둘러싼 힘들이 자동적으로 서로 정렬하게 되지. 그러면 그 시스템의 상태는 안정적이게 돼. 반대로 막대기가 압축력을 받을 때 서로 대응하는 응력이 엄격하게 정렬되지 않으면 작

인장력을 받을 때

압축력을 받을 때

용과 반작용 사이의 '간격'으로 인해 우력이 생겨. 하지만 현실에서는 100퍼센트 딱 들어맞게 정렬하는 것은 불가능하지.

– 세상에 완벽한 것은 없는 법이니까요!

따라서 언제나 약간의 '간격'은 생기기 마련이야. 이처럼 응력의 '차이'로 인해 생긴 우력은 막대를 변형시키고, 이에 따라 받침점에서 힘점까지의 거리가 멀어지면서 우력이 증가해. 이렇게 우력이 커지면 막대의 변형 정도가 더 커지고, 그러면 받침점과 힘점 사이의 거리가 더 멀어지고, 따라서 우력도 커지고, 또⋯⋯.

– 계속해서 그렇게 반복되는군요!

만약 막대가 견고하다면 변형 정도는 약할 것이므로 앞에서 설명했던 반복적인 현상은 안정화된단다. 반면 막대가 충분히 견고하지 않다면 이 현상이 계속 쌓이게 되어 '반복'되는데, 이를 두고 '휨'이라고 해.

> **휨이란?**
> 재료에 압축력이 가해져서 이것이 수평 방향으로 힘이 빠지는 것을 휨이라고 한다.

– 음, 잘 이해가 되지 않는데요. 예를 하나 들어주시면 이해하는 데 도움이 될 것 같아요!

그러면 찰리 채플린의 지팡이를 한번 생각해 보자. 채플린이 지팡이를 짚으면서 그 위로 몸을 기대면 지팡이는 휘어지고 지탱할 힘이 없어져. 이것은 채플린의 지팡이가 유연하기 때문에 부러지지 않은 것인데, 지팡이가 만약 유리로 만들어진 것이었다면 이미 오래전에 부러져서 사라지고 말았을 거야!

　- 하지만 힘이 없어진 기둥은 응력을 지탱하지 못할 텐데요!

맞아. 그러니까 기둥이 절대로 휘어지지 않도록 만들어야 해!

　　　　　- 그러려면 어떻게 해야 할까요?

　　　삼발이 의자를 다시 가져와서 기둥 역할을 하는 의자의 다리를 살펴보자. 이것은 아무 문제없이 잘 서 있어. 그런데 이와는 대조적으로 바 같은 곳에 있는 다리가 긴 삼발이 의자는 좀 불안해 보일 거야.

의자의 다리가 변형되어 휘어질 수 있거든. 이 문제를 해결할 수 있는 여러 가지 방법 중에 하나가 바로, 의자의 다리를 서로 연결해주는 거야.

　- 아, 그렇군요! 삼발이 의자의 다리를 연결해 주는 가로대는 그 위에 발을 올려놓는 용도로만 쓰이는 것이 아니었군요? 꽤 그럴듯한 방법인데요!

　이 방법 외에도 의자의 다리를 더 두껍게 하는 방법도 있고……

　- 하지만 그러면 너무 무거워지고 재료 소모도 많아질 거예요!

　반드시 그런 것만은 아니야. 의자 다리의 속을 비워두면 되거든. 이때 재료를 잘 분배하는 것이 관건이야. 같은 양의 재료로 튜브를 만들거나 속이 꽉 찬 막대를 만들 수 있으니까.

　단면의 중심에서 재료가 멀리 떨어져 있는 단면은 휨

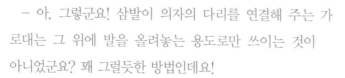

튜브와 막대의 단면

에 대한 저항이 커서 잘 휘어지지 않아. 따라서 막대보다는 튜브의 내력
이 더 크단다.

같은 양의 응력을 지탱할 때, 인장력이 작용하고 있는 케이블은 휘어질
위험이 없기 때문에 압축력을 받는 막대보다 굵기가 더 가늘어도 돼. 그
리고 막대의 길이가 길어질수록 이 차이는 더욱 커져.

– 알겠어요! 케이블은 기둥보다 더 얇아도 된다는 말씀이지요? 그런데
하중을 땅으로 전달하려면 기둥을 사용해야 할 텐데. 그러면 케이블이
소용없는 거 아니에요?

케이블을 사용하면 기
둥의 수를 줄일 수 있어
서 휘어질 위험이 적은 굵
은 몇몇 기둥으로 응력을 모

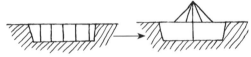

케이블을 사용해 기둥 수를 줄인 예

을 수 있어. 고가도로를 건설할 경우, 케이블을 이용하면 건설하기가 훨
씬 간단하고 기둥을 많이 세우지 않아도 되기 때문에 계곡의 경관을 훼
손하는 것도 줄일 수 있지. 그 좋은 예가 바로 미요 대교야. 교량 건설에
사용하는 비스듬히 기울어진 줄을 케이블이라고 하며 이렇게 비스듬한
케이블을 매달아 만든 다리를 '사장교'라고 해.

만약 케이블의 수만큼 교각이 있었다면 계곡의 경관이 어떻게 되었을
지 한번 상상해 보자!

그런데 미요 대교에는 고가도로의 축에 한 갈래의 케이블만 있지만, 이
와 같은 원리를 이용한 규모가 큰 다른 다리들은 케이블을 양 갈래로 사

프랑스 남부 도시 아베롱의 미요 대교

타른 계곡을 가로지르는 2천460 미터 길이의 살짝 구부러진 모양 을 한 예술작품 같은 이 사장교는 2004년 12월 17일에 개통되었다. 이 건축물은 뛰어난 설계를 바탕으로 현장과 멋지게 조화를 이루고 있으 며 유례없는 규모를 자랑한다. 폭  32미터의 교량 바닥은 계곡 바닥에서 270미터 높이에 놓여 있다. 이 교량 바닥의 두께 는 경간이 342미터인데도 4.2미터일 정도로 매우 얇다. 주탑 일곱 개를 가운데 두고 매달려 있는 일곱 개의 '부챗살 모양' 케이블의 지지를 받는다. 교량 바닥은 시속 200 킬로미터 이상의 강풍에 견딜 수 있도록 공기역학적 형태의 금속 격자로 되어 있다. 이 교량 바닥은 공사 현장에서 만든 다음, 밀어 넣기 방식으로 제자리에 설치했다. 케이 블을 지탱하는 주탑은 각각 교각 위에 놓여 있는데, 이 교각 중에 가장 높은 것은 245 미터에 달한다. 엔지니어 미셸 비를로죄가 설계를 맡은 이 고가도로는 건축가 노먼 포 스터 경의 작품이다. 또한 벨기에의 그라이슈 연구소에서 교량 바닥을 밀어서 설치하 는 방식을 제안하고 연구했으며, 교량 바닥과 지주, 케이블에 이르기까지 이 작품을 전 반적으로 검토하는 작업에도 참여했다. 이 고가도로는 계곡을 관통하면서도 받침점이 일곱 개에 불과하며, 현재 세계에서 가장 높은 다리로 꼽히고 있다.

프랑스 센마리팀주의 노르망디 교

1988년에서 1995년까지 건설된 이 사장교의 총 연장은 2천140미터 다. 다리 가운데 있는 중앙 경간은 856미터에 이르러 개통 당시에는 경간 거리로서는 세계 최장을 기록 했다. 이 부분을 지탱해 주는 것은 높이 200미터 이상의 철근 콘크리  트 주탑 두 개로, 케이블을 두 갈래로 내려뜨리고 있다. 하중을 줄이기 위해 교량 바 닥 중앙 부분(624미터)은 강철로, 나머지 부분은 콘크리트로 만들었다. 이 다리는 프 랑스의 도로 및 고속도로 기술국(SETRA) 엔지니어 미셸 비를로죄의 지휘 아래 설계 되었다.

용하는 경우도 있어. 노르망디 교가 바로 그런 경우이지.

　– 이렇게 멋진 작품들을 만나고 그 구조도 조금씩 알게 되니 정말 좋아요! 그런데 자세히 보니 로프나 케이블은 기울어져 있는데, 교각은 수직으로 서 있어요. 그렇다면 교각을 기울여서 사용하면 안 되나요?

　물론 되지. 기울어진 교각과 케이블을 함께 사용하는 좋은 사례가 바로 라파엘–우르다네타 장군 다리야. 이 다리는 노르망디 교나 미요 대교보다 더 오래전인 1962년에 건설되었지. 당시는 컴퓨터를 처음 만들기 시작하던 때여서 교각 건설을 위한 모든 계산을 '수작업'으로 했단다. 컴퓨터를 이용할 수 없었기 때문에 많은 수의 케이블을 계산에 넣을 수 없었고, 그래서 베네수엘라의 마라카이보에 있는 이 다리에는 케이블이 적게

베네수엘라의 라파엘–우르다네타 장군 다리

　이 다리는 베네수엘라 북서부 마라카이보 시와 베네수엘라 동부를 연결하기 위한 목적으로 엔지니어 리카르도 모란디가 설계했다. 1959년에 시작해 1962년에 완공된 이 놀라운 예술 작품의 총 연장은 8.7킬로미터, 폭은 약 20미터이다. 다리의 교각은 135개에 달하며 경간은 37미터에서 235미터에 이르기까지 다양하다. 다리 중앙에는 경간이 235미터에 이르는 구간이 다섯 곳이 있는데, 가히 이 건축 작품의 하이라이트라고 할 수 있는 부분이다. 이 구간에서는 교량 바닥을 일련의 케이블이 지탱해 주면서 교량 바닥의 하중을 교각으로 전달한다. 교각은 V자와 A자가 한데 섞여 있는 형태 덕분에 받침점의 수가 결과적으로 늘었고 이에 따라 각 지점에서 지지하는 하중이 줄어들 수 있었다.

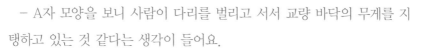

사용되었다고 해. 이제 이 다리를 조금 더 자세히
살펴보면서 그 기능을 분석해 볼까. 자, 이
다리에 있는 모든 교각은 각각 V자형 기둥
과 A자형 기둥이 섞여서 이루어져 있는 것을
알 수 있지.

  – A자 모양을 보니 사람이 다리를 벌리고 서서 교량 바닥의 무게를 지
탱하고 있는 것 같다는 생각이 들어요.

  맞아, 바로 그렇단다. 게다가 A자 형태이므로 세로 방향으로 안정성이
커지기 때문에 케이블이 받는 수평 응력을 잘 지탱할 수 있어. 좌우 방향
의 이 수평 응력은 그 크기가 반드시 같아야 하는 것은 아니며, 각 경간
에 작용하는 하중의 크기에 따라 달라져.

  – 이 이야기를 들으니 기다란 막대를 들고 평
형잡기 연습을 했던 생각이 나요. 그럼 이제
교각에 있는 또 다른 기둥인 V자형 기둥의 역
할을 알아볼까요?

  V자형 기둥은 교량 바닥을 지탱하는 받침점 두 개의 역할을 해. 이에
따라 교량 바닥은 교각에서 네 군데 그리고 케이블 양끝 두 군데, 이렇게
해서 총 6개 지점에서
지지를 받게 된단다.

  자, 이제 좀 더 깊
이 살펴보면, 다리의

이 경간들이 캔틸레버식 다리와 같은 방식으로 기능하는 것을 알 수 있어(포스만 대교 참조). 각 경간의 중간 부분이 교량 바닥의 양쪽 끝 부분 위에 놓여서 지지를 받고 있는 것이지. 바로 이러한 방법 덕분에 다리를 건설하기가 훨씬 쉽단다. 먼저 다리의 주요 부분을 모두 건설한 다음, 이 가운데 부분을 배로 실어 와서 케이블을 이용해서 최종 위치에 올리면 되니까.

 – 점점 흥미로워지는데요.

이제 교량 바닥을 좀 더 가까이서 살펴보자. 이 바닥은 안이 빈 빔처럼 생겼는데, 위쪽의 상판이 양쪽 끝으로 연장되어 돌출해 있어.

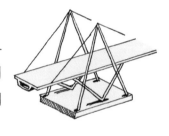

 – 이것을 보니 앞에서 보았던 브리타니아 다리가 생각나는군요.

맞아. 한 가지 차이점이라면, 브리타니아 철교에서는 기차가 빔 속을 통과했지만, 이번 경우에는 교량 바닥 위로 통행한다는 것이지.

 – 그런데 건물을 지을 때에도 경사진 기둥을 사용해도 되나요?

물론이야. 특히 버팀대 대기를 할 때 아주 잘 이용될 수 있어. 하지만 이것은 나중에 이야기하도록 하자꾸나.

 – 어쨌건 이렇게 기울어진 기둥에 머리를 부딪치지 않도록 조심해야겠네요!

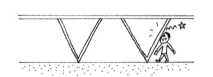

건물 내부에 기둥이 너무 많아

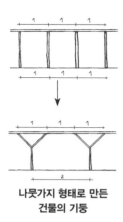

**나뭇가지 형태로 만든
건물의 기둥**

서 생기는 불편을 줄이기 위해 기
둥의 수를 줄이려면 나무 형태의
기둥(나무처럼 몸통에 가지가 뻗어
있는 모양을 한 기둥)을 사용해. 이
렇게 하면 위의 그림에서와 같이
기둥의 개수는 반으로 줄지만 받침
대의 수는 같기 때문에 지붕에는
아무 변화가 생기지 않는단다. 이
것이 바로 건축가 노먼 포스터가 스
탠스테드 공항을 설계할 때 사용한
방식이야. 여기서 응력의 이동을 조
금 더 자세히 살펴볼까. 이해를 돕

**영국 런던 근교의
스탠스테드 공항**

　런던 중심부에서 65킬로미터 떨어진
곳에 위치한 이 공항에는 사방 약 200
미터 길이의 정사각형 평면을 한 독특
한 터미널이 있다. 20미터 높이에 있는
이 건물 지붕은 각뿔대를 뒤집어 놓은
모양을 한 기둥 36개로 지지되고 있다.
이렇게 해서 지붕은 18미터 간격으로
나뭇가지처럼 몸통에 붙어 있는 기울어

진 기둥에 의해 양방향에서 지지를 받
으며, 36미터 간격으로 땅 위에 수직으
로 서 있는 받침점에서 지지되고 있다.
지붕을 지지하는 뒤집어진 각뿔대는
네 개의 튜브로 이루어져 있는데, 이들
은 서로 연결되어 있으며 이음보로 서
로 평형을 유지하고 있다. 창의력이 돋
보이는 이 건물은 노먼 포스터&파트너
건축사무소와 오브 아럽&파트너 엔지
니어 사무소의 설계에 따라 1991년에
건설되었다.

기 위해 일단 단순한 구조에서 시작해 볼게. 수직으로 서 있는 기둥 위에
기울어진 기둥 두 개가 올라가 있

는 경우를 생각해 보자. 이때 각
부분은 서로 잘 연결되어 있어.
이 상태에서 기울어진 기둥들의
꼭대기를 이음보로 연결하지. 하중을 받았을 때 기울어진 기둥들이 무너
져 내리지 않으려면 이 이음보가 반드시 필요하단다.

　– 실제로 이 이음보가 없으면 안정성도 떨어지고 효율성도 없어지겠지
요……

그런데 스탠스테드 공항의 경우에는 상황이
조금 복잡해. 한 개의 수직 기둥 대신 네 개
의 기둥이 한 모둠이며, 경사진 기둥들을 잇
는 이음보는 천장의 채광창이 보이도록 배치되
어 있단다. 그래도 기본 원리는 다 같아. 왼쪽 그
림에서 확인해 보렴.

　– 이렇게 여러 가지 예를 살펴보니까 응력이 어
떻게 전달되는지 잘 알겠어요. 응력은 오르내리기도 하고, 수직 방향이나
비스듬한 대각선 방향으로 움직이기도 하는 것이지요. 아주 효율적이고,
멋지고, 정말 아름다워요! 그런데 여기서 한 가지 궁금한 점이 떠오르는
데요. 자전거의 바퀴를 보면 안쪽에 있는 살이 매우 가는데, 이렇게 가는
데도 왜 휘지 않는 것인가요?

아주 좋은 질문이야! 사실 자전거에서 하중은 바퀴의 가운데 부분 아래쪽에 있는 살을 통해서 땅으로 이동하는 게 아니야. 그렇게 되면 하중에 의해 살이 압축력을 받아 휘어질 테니까. 대신 하중은 위쪽 살이 받쳐 주는 바퀴의 휠에 실려서 휠을 따라 땅으로 내려가게 돼 있지. 나머지 살은 바퀴의 휠이 눌려서 타원 모양으로 변형되는 것을 막는 역할을 하는 것이고.

 ─ 삼발이 의자, 탁자, 그리고 자전거……. 이렇게 모든 사물이 구조의 세계를 탐험하는 데 도움을 주는군요. 그럼 이제 또 어떤 물건을 만나서 도움을 받게 될까요?

자, 궁금하다면 다음 장을 넘겨 보렴…….

제 **6** 장

아치, 궁륭, 돔의 세계로 떠나는 여행

여기서는 앞에서 다룬 삼발이 의자, 네 발 다리 탁자,
그리고 자전거 등에서 더 나아가 발판사다리와 홍예틀,
술통의 테에 대해 자세히 알아볼 거야. 그런 다음에는
역시 그 원리를 실제 건축물에서 확인해 보기 위해
여행을 떠날 것이지. 이번에는 과거로 시간 여행을
떠나니 기대해 봐!

　　– 음, 재미있겠는데요! 이 발판사다리를 자세히 살펴보면서 우리를 또 어디로 데려다줄 것인지 기대가 돼요…….

　자, 그럼 앞에서 분석했던 탁자나 삼발이 의자하고는 어떤 점이 달라 보이는지 살펴볼까?

　　– 음, 이 사다리는 접을 수도 있고…….

　구조적 기능을 염두에 뒀을 때, 가장 중요한 차이점은 다른 데에 있어.

　　– 아, 이 사다리의 다리가 너무 벌어지지 않도록 안쪽에서 양쪽을 이어 놓았군요!

　맞아, 바로 그거야! 이 발판사다리에 가해지는 하중은 경사진 양쪽 부분으로 분산되지. 다시 말해 하중에 의해 양쪽 부분에 압축력이 작용해. 그런데 땅은 수직 방향의 힘만 받기 때문에, 수평 방향으로 작용하는 힘(빈 공간에 작용하는 압력)은 이 구조물을 땅에 고정시키거나 이음보로 연결하는 방법을 사용해서 어떻게든 흡수해내야 해.

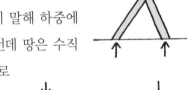

땅에 고정시키기　　**이음보로 연결하기**

　　– 무슨 말씀이신지 잘 이해가 되지 않아요…….

　그럼 사다리 한 개를 벽에 기대어 세워 보자. 내가 이 사다리 위에 오르면 이 사다리는 나의 몸무게, 즉 수직 방향의 힘을 받고 나서 당연히 이를 땅으로 전달하겠지. 그런데 사다리가 완전히 수직으로 서 있지 않

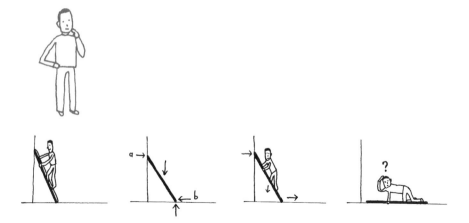

고 벽에 기대어 있기 때문에, 수평 방향으로도 두 가지 힘이 같이 작용해. 하나는 사다리 위쪽에서 벽과 접촉하는 부분에서 작용하고, 다른 하나는 사다리 다리와 땅 사이에서 작용하지. 첫 번째 힘[a]은 아무런 문제가 되지 않지만, 두 번째 힘[b]은 조심하지 않으면……, 꽈당 하고 넘어지게 돼. 따라서 이 힘을 흡수할 수 있도록 사다리 다리를 고정시켜야 한단다. 이렇게 하려면 사다리 다리와 땅 사이에는 마찰력이 있어야 하고 말이야.

그러므로 사다리에는 그 위에 오르는 사람의 몸무게, 땅의 수직 반작용, 사다리 꼭대기와 다리에 작용하는 수평 반작용 등 여러 가지 힘이 작용하는 것을 알 수 있어. 따라서 사다리가 넘어지지 않으려면 이 모든 힘이 가해지는 가운데 사다리가 평형 상태에 있어야 하지. 만약 이 중 한 가지 반작용이 사라진다면, 앞서 고체의 평형 상태를 다룰 때 보았던 것과 같이 이 사다리도 넘어져 버리게 될 거야…….

– 그런데 발판사다리는 어떻게 되는 건가요?

아, 그렇군! 조금 옆길로 벗어나 버렸네. 그러니까 어디까지 이야기했더라…….

– 어, 그런데 이 발판사다리는 작은 아치 모양을 하고 있네요!

맞아! 홍예석 두 개짜리 아치라고 할 수 있어.

– 홍예석이요?

홍예석은 아치를 이루도록 재단된 돌을 말해.

– 알겠어요. 그런데 이 중간에 홍예석을 하나
더 끼워 넣으면 어떻게 되나요?

좋은 질문이야. 가운데 홍예석은 아치를 완성하는 가장 중요한 열쇠
구실을 해! 여기에 홍예석을 여러 개 더 끼워 넣어서
확장하면 아치가 만들어지지. 그래도 응력의 이동 원
리는 동일해. 아치에 가해지는 수직 작용으로 인해
아치의 다리 부분에 수직과 수평 방향의 반작용이 생기는 거지. 만약 아
치 다리 부분의 이 반작용들이 흡수되지 않으면 아치는 '주저앉게' 될 거
야. 앞에서 보았듯이, 다리 부분에 가해지는 이 응력은 두 가지 방법으로
해결할 수 있어.

외부에서 다리를 고정하는 방법

이음보

이음보를 설치하는 방법

그중 내부에서 '빈 공간에 작용하는 압력'의 균형을 잡기 위해서는 이
음보를 설치하는 방법을 사용하지.

그리고 아치의 다리가 서로 벌어지지 않도록 아치의 두 받침점은 고정

되어 있어야 해. 따라서 앞서 보았던 것처럼 링크 지점을 가지고 이야기를 계속해 보자.

— 설명을 듣다 보니 보에 대해 배웠던 것이 생각나요. 그때 한 가지 문제가 있었던 걸로 기억하는데요. 바로 온도 변화 말이에요……

맞아, 잘 말했어! 실제로 온도가 상승하면 아치는 내부 응력의 영향으로 팽창하게 되는데, 두 받침점에 고정된 상태이므로 둥글게 휘어서 위로 올라가게 돼.

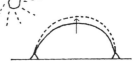

— 그렇다면 보의 경우와 마찬가지로 만약 두 링크 지점 중 하나를 롤러로 교체하면 어떻게 될까요? 꽈당! 무너지겠지요? 아치의 두 다리는 당연히 고정되어야 하기 때문에, 만약 그렇지 못하면 압력이 흡수되지 못해서 더 이상 아치 모양을 유지하지 못하잖아요! 그럼 어떻게 해야 하나요?

아치가 '자유롭게' 마음껏 팽창할 수 있으려면, 다리 부분의 두 링크 이외에 제3의 링크를 하나 더 추가해 주어야 해. 대칭을 유지하려면 이 제3의 링크를 **키스톤*** 위치에 둬. 이렇게 하면 **3힌지*** 아치가 완성되지.

— 그런데 태양이 비춰서 아치가 열을 받으면 이번에

3힌지 아치

***키스톤** : 아치의 홍예석 중 맨 꼭대기 가운데 위치한 것을 말한다.
***힌지** : 구조물 지지점의 일종. 외력에 의해 이동하지 않지만 회전만은 자유로운 지점을 말한다.

도 모양이 변형될 텐
데요!

그렇단다. 하지만 아
치에는 아무런 응력도
발생하지 않고 자유

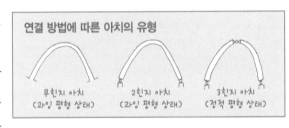

롭게 팽창할 거야. 나중에 다시 살펴보겠지만 이 3힌지 아치는 다른 아치
들에 비해 만들기가 쉽단다. 그리고 보의 경우와 마찬가지로 어떤 아치는
정적 평형 상태에 있는 것이 있는가 하면 어떤 아치는 과잉 평형 상태에
있기도 하지.

　－ 만약 이 아치에 링크를 하나 더 추가하면요?

　그다지 소용없는 일이야! 그렇게 하면 이 메커니즘은 땅으로 내려앉아
서야 평형 상태에 이르게 되거든!

 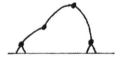 

　－ 좋아요. 그렇다면 애초에 사람들이 왜 아치를 만들기 시작한 거예요?

　왜냐하면 아치야말로 가장 쉽고 가장 내구성 있는 방법이었기 때문이
야. 사람들이 지은 다리 중에서 처음으로 강한 하중에 견딜 수 있었던
다리는 바로 돌로 만든 아치나 궁륭 형태의 다리였어. 통나무로 된 보를
사용해서 다리를 만들려면, 통나무의 길이나 심한 유연성 때문에 제약을
받을 수밖에 없었지. 이 이야기는 나중에 다시 하기로 하자꾸나. 일단 아

치의 원리가 만들어지면 아치를 구성하는 요소인 홍예석을 모아서 조립하는 일은 상대적으로 쉬웠어. 홍예석들은 아치 형태가 지니는 '기능'에 의해 서로 압축되었고, 자체 무게만으로도 자동적으로 서로 고정되었지. 그러니까 이 홍예석들을 서로서로 잘 끼워 맞추기만 하면 나머지는 궁륭 형태에서 나오는 효과 덕분에 저절로 해결되었단다!

    － 말로 이야기하기는 쉽지만 실제로 만드는 것은 훨씬 어렵지 않나요! 아치가 최종적으로 완성되기 전까지는 사람들이 홍예석을 모두 잘 받쳐 들고 있어야만 할 것 같거든요!

    그럴 때 사용하는 것이 바로 홍예틀이란다. 아치를 만드는 동안 임시로 아치를 지탱해 주는 지지대를 말하지. 아치가 완공된 후 홍예석을 이어 주는 모르타르 접합부의 저항력이 충분히 강해지면 이 지지대를 제거한단다. 돌이나 벽돌로 아치를 만들 때 홍예틀은 나무로 된 것을 사용했어.

홍예틀

    － 이제 아치를 만드는 과정은 이해가 가요. 여기서 아치의 다리 부분을 고정시키는 문제로 다시 돌아가서 생각해 보면 좋겠어요.

    그래. 아치의 다리를 고정하는 방법은 내부에서 고정하는 것과 외부에서 고정하는 것 이렇게 두 가지가 있단다. 먼저, 외부에서 고정하는 경우에는 땅 위에서 직접 받치는 측벽을 사용하거나, 또는 버팀벽을 사용해.

    － '측벽'은 잘 알겠어요. 다리를 만들 때에도 이야기했던 적이 있지요.

그런데 '버팀벽'은 무엇인가요? 뭔가 생각이 날 듯한데…… 아, 맞아요. 대성당에 버팀벽이 있는 경우를 본 적이 있어요.

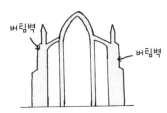

그래. 좀 더 정확히 말하자면 대성당 아치의 '버팀벽'이라고 하지. 버팀벽의 안정성 측면에서 봤을 때, 그 '기능'은 전체적으로 중력댐과 같단다. 바로 버팀벽의 무게가 아치의 수평 압력을 받아내는 것이지. 그리고 탑의 안정성을 위해서 그랬던 것과 마찬가지로, 버팀벽의 경우에도 그 높이가 아주 높기 때문에 버팀벽이 흔들릴 위험 요소가 없는지 잘 확인해야 해. 아치의 압력으로 인해 우력이 발생하는데, 이 우력은 버팀벽을 흔들리게 하고 무너지게 하는 경향이 있기 때문이지.

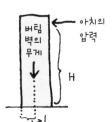

이러한 우력을 '전도 우력(불안정화 우력)'이라고 하며, 아치의 압력과 받침점에서 힘점까지의 거리(H)를 곱한 값을 말해. 이에 반해, 버팀벽의 무게는 '안정화 우력'을 발생시켜. 이것은 버팀벽의 무게와 받침점에서 힘점까지의 거리(L)를 곱한 값이야. 안정성을 보장하려면 안정화 우력의 값이 불안정화 우력보다 커야 하지. 따라서 버팀벽이 무겁거나 넓을수록 안정화 우력의 받침점에서 힘점까지의 거리가 늘어나서 안정화 우력이 커지고 안정성이 더욱 확보된단다.

— 이제 확실히 알겠어요. 그런데 실제로 존재하는 대성당을 예로 들어 설명해 주시겠어요? 가령, 가장 높은 아치를 가진 성당은 어느 것인가요?

건립한 뒤에 한 번도 무너지지 않은 채 현존하는 최고 높이의 아치는 프랑스의 보베에 있는 성 베드로 대성당의 성가대석 아치야.

프랑스 우아즈주의 보베에 있는 성 베드로 대성당

미완의 이 대성당에는 중앙의 신자석이 없다. 성가대석은 1272년에 완공되었으며 그 너비는 16미터에 이른다. 성가대석 위쪽 아치의 키스톤 높이는 48.5미터로 고딕 양식 성당 중 '세계 최고 기록'이다. 아치가 빈 공간에 가하는 압력은 견고한 버팀벽이 흡수한다.

– 대성당의 '성가대석'이라고요? 성당 안에 있는 '신자석' 정도는 알지만, 성당 내부에 대해서는 사실 잘 모르겠어요.

좋아. 그럴 줄 알고 여기 네모 박스 안에 앞으로 우리가 공부하는 데 필요한 성당 관련 용어 몇 가지를 정리해 두었으니 참고하렴. 그런데 고딕 양식으로 지어진 모든 교회에 버팀벽이 있는 것은 아니란다.

– 그러면 그런 곳에서는 어떻게 아치의 다리가 서로 벌어지지 않게 했나요?

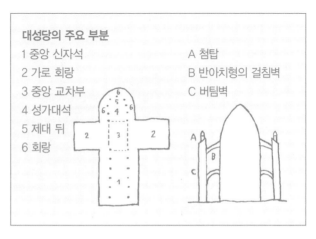

대성당의 주요 부분

1 중앙 신자석
2 가로 회랑
3 중앙 교차부
4 성가대석
5 제대 뒤
6 회랑

A 첨탑
B 반아치형의 걸침벽
C 버팀벽

바로 두 번째 방법을 사용했어. 내부에서 고정시키는 방법이지. 아치의 다리에서 빈 공간에 가해지는 압력이 평형을 유지하도록 이음보를 설치한 거야. 이런 방법이 사용된 좋은 예가 바로 브뤼셀의 노트르담 뒤 사블롱

노트르담 뒤 사블롱 성당의 아치 이음보

성당이지. 이 성당은 보베의 성베드로 대성당보다 아치의 높이가 조금 낮지만 무척 아름답단다.

― 지금까지 아치에 대해서 알아보았는데요. 아치 말고도 궁륭이나 돔이라고 불리는 것도 있던데, 그것들은 뭔가요?

'궁륭'은 이들을 모두 아우르는 일반적인 용어란다. 돔에 대해 설명하자면, 일단 아치 이야기에서 다시 시작해야 해. 아치는 2차원 도형이라 이 책의 종이와 같은 평면에 속하지. 그런데 아치를 평행

벨기에 브뤼셀의 노트르담 뒤 사블롱 성당

15세기에서 16세기경에 세워진 이 성당에는 높이 19.5미터, 폭 9.5미터의 중앙 신자석 아치가 있다. 아치의 압력은 이음보가 흡수한다. 20세기 초 복원 공사 때 지어진 반아치형 걸침벽은 순전히 장식적 효과만 있을 뿐 구조적 기능은 없다.

하게 미끄러트리면 그림에서 보는 바와 같이 반원형
천장이 만들어지지. 아치를 3차원으로 이동시
키는 또 다른 방법은 중앙의 수직선을 중심으
로 아치를 회전시키는 거야. 이렇게 하면 둥근
천장이 만들어지는데, 이를 돔이라고 부른단다.

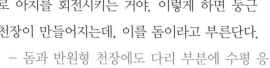

반원형 천장

– 돔과 반원형 천장에도 다리 부분에 수평 응
력이 작용하나요?

반원형 천장의 경우는 그렇지. 하지만 돔형 천
장의 경우에는 문제가 조금 복잡해. 돔을 이루는
수평 방향 원들은 응력의 일부를 흡수할 수만 있다

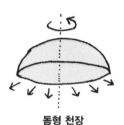

돔형 천장

면 그렇게 하려는 성향이 있거든. 하지만 이것은 돌이나 벽돌로 만들어진
돔의 경우에는 해당 사항이 없단다.

– 음, 간단한 문제가 아니네요…….

그렇지. 하지만 갈피를 잡지 못하고 헤맬 필요는 없어. 우리가 여기서
다룰 부분은 돌이나 벽돌로 만든 돔만 다룰 것이거든. 따라서 처음 질문
에 대한 대답은 '그렇다.'란다. 즉, 다리에 수평 응력이 작용하므로 이것을
흡수해야만 하지.

– 그렇다면 제 생각에는 앞에서 아치에 사용했던 방법과 마찬가지로
외부에서 고정시키는 역할을 하는 지주나 내부에서 안으로 끌어당기는
역할을 하는 이음보를 사용하면 될 것 같아요.

음, 정확하게 말했어. 예를 들어, 로마에 있는 판테온 신전의 구형 천장

의 돔을 보면, 그 둘레를 둘러싸고 있는 외벽의 무게가 응력을 흡수해서 버팀벽 역할을 하고 있는 것을 알 수 있지.

  – 그런데…… 보베 대성당의 아치는 판테온 신전 돔의 모양과 다르던데요.

실제로 아치에는 원호 아치, 포물선형 아치, 첨두 아치 등이 있단다.

  – 그렇다면 가장 자연스러운 아치 형태라는 것은 없나요?

광범위한 질문이구나! 전반적으로 이야기하자면, 아치의 '기능'은 보와 같아. 아치에 가해지는 작용과 받침점에 가해지는 반작용 사이에 간격이 벌어지면 외부 우력이 생기지. 이에 따라 아치의 홍예석에 가해진 압축력

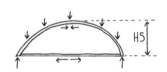

과 이음보의 인장력에 의해 내부 우력이 발생해. 이 내부 우력의 받침점에서 힘점까지의 거리는 이음보와 아치의 홍예석 사이의 거리이며, 이를 '구조 높이'(HS)라고 불러. 하중과 아치 사이의 거리(P)가 동일한 경우라면, 구조 높이가 높을수록 아치의 홍예석에 가해진 압축력

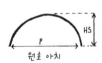

원호 아치

첨두 아치   포물선 아치

hs= 구조 높이
p = 하중과 아치 사이의 거리

과 이음보에서의 인장력이 약해진단다.

  – 그러니까 아치의 높이가 높을수록 이음보에서 받는 응력의 크기가 작아진다는 말씀이시죠?

그래, 아주 정확하게 말했어.

  – 그렇다면 제가 궁금해하던 '가장 자연스러운' 아치 형태는 무엇인가요?

'자연스러운 형태'를 지닌 아치라면, 하중을 받을 때 오로지 압축력만

받는단다. 따라서 이 경우에는 하중과 하중의 분산에 따라 형태가 달라져. 만약 외부 하중이 수평적으로 균일하게 분산된다면 아치의 '자연스러운 형태'는 포물선 모양이 되지.

‒ 음, 좀 더 이해하가 쉽게 설명해 주세요!

그렇게. 스페인의 유명한 사그라다 파밀리아 성당을 설계한 건축가 안토니 가우디처럼 직관적으로 생각해 보자꾸나.

‒ 가우디는 어떤 사람인가요? 자세히 이야기해 주세요. 저는 옛날이야기를 좋아하거든요.

실제로 가우디가 이런 실험을 했을 때 우리는 이 세상에 없었지만, 그래도 어떤 일이 벌어졌을지는 상상해볼 수 있을 거야. 어느 날, 가우디는

스페인 바르셀로나의 사그라다 파밀리아 성당

건축가 안토니 가우디의 기념비적 미완성 작품인 이 대성당은 원래는 단순히 하나의 성당으로 설계될 예정이었다. 하지만 오늘날에는 바르셀로나의 상징이 되었을 뿐만 아니라 스페인에서 가장 많은 관람객이 다녀간 기념물 중 하나가 되었다. 이 성당 건물의 평면도는 지극히 고전적이다. 가운데 신자석에는 중앙 통로와 이중 측랑이 있다. 설계도 안에는 이 밖에도 가로 회랑 양끝과 신자석 끝, 중앙 교차부 위로 여러 개의 탑이 포함되어 있는데, 특히 가장 높은 탑의 높이가 170미터에 이를 예정이다. 이 성당은 1891년에 건설 공사가 시작되었으며 예정대로라면 2026년이 되어서야 완공될 것으로 보인다!

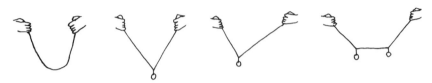

작은 체인을 손에 들고 자세히 관찰하다가 아래로 늘어진 체인의 모양이 아치가 뒤집어진 것과 같다는 사실을 알게 돼. 그 뒤 다양한 방법으로 체인에 추를 달면 여러 가지 형태가 생긴다는 사실을 발견해. 그리고 한 가지 하중이 가해졌을 때 나타나는 형태는 그 하중에 해당하는 '자연스러운 형태'라는 결론을 얻는단다. 따라서 아치를 만들 때 고려해야 할 하중들을 분산시켰을 때 이에 해당하는 자연스러운 아치 형태를 얻기 위해서는 이렇게 하중을 가한 체인을 거꾸로 뒤집기만 하면 되는 거지.

　– 아주 괜찮은 생각인데요!

이 같은 실험을 한 것은 가우디가 처음은 아니었지만, 가우디는 여기에서 멈추지 않고 더 멀리 내다보았어. 이 논리를 자신의 건축 프로젝트에 적용한 것이지. 가우디는 수많은 체인으로 자신이 상상한 구조를 지닌 아치의 모형, 다시 말해 뒤집어진 모형을 만들었어. 그리고 거기에 작은 모래주머니를 달아 아치가 받게 될 하중을 가상해서 적용해 보았지. 이렇게 하중을 가하자 체인들은 각기 '자연스러운 형태'를 취하게 되었지. 그런 다음, 이 모형 아래쪽에 거울을 놓았더니 장차 지어질 대성당의 아치 모양이 나타난 거야!

　– 오, 천재적인데요! 여기서 잠깐, 로마의 판테온 이야기로 다시 돌아

가 볼게요. 둥근 돔형 천장 하단의 응력은 이를 둘러싸고 있는 버팀벽 역할을 하는 벽돌담의 무게에 의해 외부적으로 힘의 평형을 유지하고 있는 것이죠?

그렇단다.

─ 아치의 경우 이음보를 통해 내부적으로도 응력의 평형을 유지할 수 있지요. 그렇다면 둥근 돔형 천장의 경우는 어떤가요?

이 경우에도 역시 이음보를 이용할 수 있는데, 이는 마치 자전거의 바

이탈리아 로마의 판테온 신전

서기 125년에 하드리아누스 황제(Hadrianus, 재위 117~138) 치하에서 건설된 판테온 신전은 현재까지 거의 원형 그대로 보존되어 내려오고 있는 로마 제국 시대의 대형 건축물 중 하나이다. 이 건물은 거대한 원기둥 형태의 공간이 주를 이루며, 직경 43.3미터의 반원형 돔이 그 위를 덮고 있다. 이 돔의 정상까지의 높이가 지상 43.3미터이므로 건물 안에 직경 43.3미터짜리 구가 들어갈 수 있다. 돔의 꼭대기에는 직경 8.7미터 크기의 원형 창이 뚫려 있다. 이 구조물은 압축력에 잘 견디는 로마식 콘크리트와 벽돌이 재료로 사용되었다. 돔의 하중은 기둥과 벽돌 벽이 지지해 준다. 고대 로마인들이 아치와 돔의 기능을 완벽하게 이해하고 있었음을 알 수 있는 구조. 로마인들은 아치와 돔과 같은 형태의 구조물을 유지하기 위해서는 빈 공간에 작용하는 압력이 흡수되어야 한다는 사실을 알고 있었다. 판테온 신전의 경우, 건물을 둘러싸고 있는 벽면이 버팀벽 역할을 한다. 이 신전의 돔은 1436년 플로렌스에 있는 산타 마리아 델 피오레 대성당이 건설되기 전까지 서유럽에서 가장 큰 돔으로 기록되었다.

쿠살과 같은 역할을 해. 우리가 앞에서 다루었던 적이 있는 브뤼셀 시청 탑의 가운데 층에 있는 아치 이음보들의 경우가 특히 그렇단다. 그런데 돔의 토대 부분은 원형이기 때문에 더 효율적인 해법이 나올 수 있단다. 바로 이 원이 인장력이 가해지는 고리 역할을 하는 거야.

– 인장력 고리라고요? 어디선가 본 적이 있는 것 같은데요? 아, 맞다! 포도주를 담는 나무통에 둘러져 있는 테가 그런 역할을 해요!

그래, 그런 나무통은 속에 액체를 담아야 하기 때문에 통의 내벽은 속 안에 있는 액체의 압력을 받아. 나무통은 나무 판과 테로 이루어져 있는데, 통 안의 액체가 나무판을 밀면, 나무판은 테의 지지를 받으면서 테에 인장력을 가하는 거야.

– 그런데 이게 돔형 천장과 무슨 관계가 있는지는 잘 모르겠네요. 그래도…… 돔형 천장의 토대를 아주 자세히 살펴보면 알 수 있지 않을까 싶은데요. 아, 그러니까 돔형 천장의 하단에 가해지는 압력을 흡수하기 위한 방안으로 인장력 고리 역할 을 하는 이 형판을 거기에 두르는 것이군요.

옳지! 이제 이해를 좀 하는 것 같군. 이 기술은 18 세기 중엽에 로마에 있는 성 베드로 대성당에서 작은 균열이 발견되었을 때 성당의 돔을 보강하기 위해 사용되었어. 돔을 이루는 둥근 이중 외피 의 하단에 네 개의 쇠사슬을 설치한 것이지. 이와 같은 원리는 철근 콘크리트로 만든 둥근 천장에서도 사용돼. 돔의 하단 토대에 있는 고리의 철

근 콘크리트 철골이 바로 이 같은 역할을 하며 인장 응력을 흡수하지. 폴
란드에 있는 거대한 브로츠와프 100주년관이 바
로 이런 경우에 해당한단다.

보르츠와프 100주년관 돔 구조

 ─ 이 경우는 돔 하나라고 말하기보다는
여러 개의 아치가 모여 있는 것이라고 해
야 옳을 것 같아요! 콘크리트로 만들고 두
께가 균일한 돔으로만 이루어진 둥근 천장은 어디 없나요?

 물론 있지. 하지만 돔형 천장이 압축력을 받는다는 사실을 명심해야
해. 압축력을 받는 기둥의 경우처럼 돔형 천장도 휠 위험이 있다는 사실
도 기억해야 하고 말이야. 엔지니어들은 선형 요소인 기둥이 변형될 경우

폴란드의 브로츠와프 100주년관

 1912년에 건설된 이 건축물은 당시로서는 첨
단 기술에 속했던 철근 콘크리트 공법으로 만들
어져서 철근 콘크리트 공법의 역사에서 중요한
사례 중 하나로 꼽힌다. 건축가 막스 베르크와
엔지니어 윌리 겔러의 작품인 이 건물에는 중앙
에 직경 65미터의 원형 공간이 있고 그 둘레를
따라 네 개의 반원형 공간이 설계되어 있어서
이곳을 통해 건물로 진입할 수 있게 되어 있다.

 중앙에 있는 원형 공간의 지붕은 15미터 높이에 직경 67미터의 돔으로 이루어져 있
다. 이 돔을 구성하고 있는 32개의 반아치는 꼭대기 부분에서는 압축력이 작용하는
고리에 의해 지지되고, 아랫부분에서는 아치 하단의 빈 공간에 가해지는 압력으로 인
해 인장력이 작용하는 철근 콘크리트 원형 보의 지지를 받는다.

에는 휨이라고 하고, 표면 요소인 돔이나 둥근 천장의 경우에는 뒤틀림이라고 해.

– 그렇군요. 그런데 왜 그런 것이지요?

휨에 대해 다시 한 번 생각해 보렴.

– 돔형 천장을 두껍게 만드는 방법이 있을 수 있겠지만 그렇게 하면 무게가 더 늘어날 거예요. '꼬리에 꼬리를 무는' 것처럼, 돔을 두껍게 만들면 무게가 늘어나고, 무게가 늘어나면 두께를 더 두껍게 만들어야 되는 것이죠! 제가 기억하기로 기둥의 경우에는 재료의 분배가 중요했던 것 같아요. 그래서 재료를 중심에서 멀리 떨어지게 해야 했었죠. 그 예로, 단면이 같을 경우, 속이 비어 있는 튜브가 속이 꽉 차 있는 막대보다 휨을 잘 견뎌내는 것이고요.

바로 그거야. 그래서 콘크리트로 된 둥근 외피와 궁륭이 뒤틀리지 않게 하려면, 이들을 '물결 모양으로 구불거리게' 하거나, 리브를 붙이거나, 이중 외피를 만들어

구불거리게 만들기

리브를 붙이기

이중 외피 만들기

이탈리아 로마의 성 베드로 대성당

이 성전은 1506년부터 짓기 시작하여 1626년에 완공되었으며, 브라만테, 미켈란젤로, 르베르냉이 건축에 참여했다. 바로크 양식으로 지어진 이 대성당에서 가장 괄목할 만한 부분은 단연 미켈란젤로가 설계한 돔이다. 지상 137미터 높이로 지어진 이 돔은 직경 41.47미터에 달하는 원형 토대 위에 세워져 있다.

야 하는 거지.

– 이론적으로 설명해 주시는 것도 좋지만, 예를 들어주시면 이해하기

프랑스 파리의 오를리 창고

1921년부터 1923년까지의 공사 기간을 거쳐 완공된 이 두 개의 창고 건물은 비행선을 보관하기 위해 지어졌다. 철근 콘크리트와 **프리스트레스트 콘크리트*** 의 대부라고 할 수 있는 엔지니어 유진 프레시네의 작품이다.

이 창고는 아쉽게도 1944년에 철거되었지만, 절판 구조의 대표적 사례 중 하나이다. 철근 콘크리트를 이용한 주요 건축 작품 중 하나로 꼽힌다. 창고의 지붕 덮개 부분은 철근 콘크리트 절판 구조로 만든 포물선 형태의 궁륭으로 이루어져 있었다. 86미터 길이의 이 두 창고에는 폭 7.5미터짜리 V자형 물결모양 장식 40개가 사용되었는데, 이들의 높이는 토대에서는 5.4미터, 아치의 키스톤에서는 3미터였다.

***프리스트레스트 콘크리트** : 콘크리트의 강도를 높이기 위해 압축 응력을 준 콘크리트.

이탈리아 로마의 스포츠 센터

1960년 올림픽 때 건설된 이 스포츠 센터는 엔지니어 피에르 루이기 네르비와 아니발레 비텔로치가 설계한 것이다. 이 건축물에는 직경 60미터의 돔이 덮여 있는데,

이 돔은 기울어진 Y자형 기둥 36개가 떠받쳐 주고 있다. 이렇게 리브를 붙인 돔은 사전 제작된 콘크리트 부재를 이용해서 만들어졌다. 판테온 신전과 마찬가지로, 궁륭 꼭대기 부분을 개방함으로써 천장에서 조명을 받을 수 있다. 빈 공간에 작용하는 돔의 압력은 기울어진 기둥에서 흡수되는데, 이 기둥들은 프리스트레스트 콘크리트로 만들어졌으며 인장력이 작용하는 직경 81.5미터 크기의 고리로 하단에서 고정되어 있다.

가 더 쉬울 것 같아요!

그럴까. 그럼 철근 콘크리트 구조의 대가 세 명이 설계한 세 가지 건축물을 예로 들어볼게. 절판 구조를 대표하는 작품은 오를리 공항에 있는 창고이며, 리브 구조는 로마 스포츠 센터, 마지막으로 거대한 이중 외피는 파리 라데팡스 구역에 있는 국립 산업 기술 센터야.

― 이런 훌륭한 구조물들의 전반적인 기능은 이해가 가지만, 이들을 건설하기란 무척 어려울 것 같아요.

그렇지. 특히나 건축물이 완공될 때까지 공사 기간 내내 건축물 전체를 지탱해야 하고, 이 지지 장치(홍예틀)를 제거할 때에도 동시에 제거해야 한다는 점에서 더욱 어렵지. 아치나 궁륭을 지지해 주던 '지지 장치를 제

프랑스 파리의 국립 산업 기술 센터(CNIT)

CNIT(1958)는 파리의 라데팡스 구역에 위치한 대규모 전시장이다. 이 전시장의 평면은 한 변의 길이가 200미터가량 되는 정삼각형으로 되어 있다. 이 멋진 작품은 엔지니어 니콜라스 에스키앙의 손끝에서 나왔다. 전시장의 천장은 중간 받침점 없이 삼각형의 세 꼭짓점에 놓여 있는 철근 콘크리트 궁륭으로 덮여 있다. 이 궁륭을 견고하게 만들기 위해 12센티미터 두께의 철근 콘크리트 막 두 개를 1.8미터 간격으로 설치한 둥근 모양의 이중 외피를 사용하였다. 궁륭 하단의 빈 공간에 작용하는 압력은 건축물 외관의 건축선에 설치한 이음보에서 흡수한다. 이 지붕의 규모는 가히 대단하다. 외관에 있는 받침점들 사이의 간격이 206미터에 달하는데, 이는 건물로서는 세계 최고 기록이다. 또한 아치의 키스톤까지의 높이는 48미터에 이른다.

거'하는 작업을 두고 '홍예틀 떼어내기'라고 부른다.

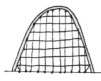

막 완공된 아치

– 그런데 왜 한 번에 다 같이 떼어내야 하는 건가요?

하나의 아치가 아치로서의 기능을 하려면 일단 완전한 아치를 이루어야만 해. 지지 장치를 설치해서 막 완공된 아치가 하나 있다고 가정해 보자. 그런데 이 지지 장치를 절반만 제거한다면, 이 구조물은 아치로서의 '기능'을 하지 못해. 왜냐하면 아치에서는 아치의 무게 때문에 생긴 압축력이 아치의 안정성을 보장해야 하기 때문이지. 그런데 만약 아치의 일부분(오른쪽 그림에서는 왼쪽 부분)이 계속해서 지지를 받는다면 그 부분에서

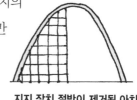

지지 장치 절반이 제거된 아치

는 이 같은 안정성을 보장해 줄 무게가 발생하지 않을 거야. 그러면 아치의 오른쪽 부분은 아치라기보다는 오히려 보의 기능을 하게 될 것이고, 원래 이런 기능을 하게 되어 있던 것이 아니므로 결국 무너져버리고 말겠지!

– 이제 더 확실히 알겠어요. 그런데 지지 장치를 한 번에 철수시키려면 마술사라도 되어야겠는걸요!

그런데 '모래 상자'를 이용해서 그런 마술과 같은 일을 실현시켰단다. 먼저, 마른 모래로 채운 모래 상자 위에 피스톤 역할을 하는 판을 올려놓아. '지지 장치'나 홍예틀, 궁형 틀의 받침

점들을 모두 이런 상자 위에 하나씩 올려두지. 모래 상자에는 구멍을 뚫은 다음 나무 쐐기로 막아. 이 쐐기를 뽑으면 상자 속에 있던 모래가 천천히 빠져나온단다. 따라서 모든 쐐기를 동시에 뽑아주기만 하면 되는 거야. 그러면 모든 상자가 동시에 비워져서 피스톤 역할을 하는 판이 천천히 내려오고 아치의 지지 장치가 제거되어 마침내 아치는 자립하게 되지.

 – 동시라고 했나요? 말로는 쉽지만 실제로는 쉽지 않을 것 같아요!

아니야, 그렇지만도 않아. 모래 상자마다 한 사람씩 대기하고 있다가 총감독이 호루라기를 불어 신호를 보내면 모두 동시에 쐐기를 뽑아서 아치의 지지대를 제거했지.

 – 우아, 놀라운데요!

오늘날에는 모래 상자 대신에 수압 작동식 잭을 사용해. 원리는 모래 상자와 같지만 모래 대신 액체(물이나 기름)를 쓰는 것이지. 모든 잭이 하나의 수압 회로로 연결되므로 밸브 하나만 있으면 작동되거든.

 – 예전에 사용한 방법보다는 시적인 면이 좀 덜하지만 좀 더 효율적일 것 같네요!

또 하나의 방법은 3힌지 아치를 사용하는 거야. 그런데 콘크리트로 아치를 만들 때에는 이 원리를 적용하지만 돌로 만들 때에는 이 방법을 쓰지 않는단다.

 – 그래요? 그래도 3힌지 아치에서는 어떻게 하는지 알려 주세요.

일단 아치가 완공되면 아치의 이맛돌에 설치

된 잭을 이용해서 아치를 두 부분으로 나누어 갈라내. 이렇게 함으로써 2개의 반-아치가 살짝 올라가서 각자의 받침점 둘레로 돌게 돼. 그러면 아치는 임시 지지 장치에서 벗어나 단독으로 자립해서 서 있게 되지. 이렇듯 키스톤에서 아치를 두 부분으로 갈라냄으로써 아치가 '만들어지고' 아치로서의 기능이 가동되기 시작하는 거야. 아치가 임시 지지 장치와 분리되면 이 지지 장치를 제거해. 그러면 이미 하중을 받고 있는 아치는 원래의 위치로 되돌아갈 수 있게 되지. 브뤼셀에 있는 헤이젤 전시장의 5번 전시관에 있는 거대한 콘크리트 아치 지붕을 건설할 때 바로 이 방법이 사용되었단다. 콘크리트로 아치를 지을 경우, 임시 지지 장치인 홍예틀은 나무 또는 금속으로 된 것을 사용해.

― 돌로 아치를 만들 때보다 콘크리트로 지을 때가 훨씬 어려울 것 같아요. 왜냐하면 콘크리트를 작업에 사

벨기에 브뤼셀 소재
헤이젤 전시장의 5번 전시관

1935년 브뤼셀 만국박람회 때 건설된 전시장 전체의 본부 역할을 한 이 건물의 아르데코 스타일 외관 뒤에는 철근 콘크리트로 된 포물선형 아치 12개로 구성된 구조가 숨어 있다. 이들 아치는 3힌지 아치로서 그 간격이 86미터이며 키스톤까지의 높이가 31미터이다. 12미터 간격으로 세워져 있는 아치들은 면적 1만 5천 제곱미터의 전시관 지붕을 지지하고 있다. 아치의 압력은 기울어진 말뚝들을 이용하여 흡수한다. 이 건축물은 엔지니어 루이 베스와 건축가 조셉 반 넥의 공동 작품이다.

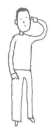

용하려면 액체 상태여야 하잖아요!

맞아. 콘크리트로 작업할 경우에는 거푸집(액체 상태의 콘크리트를 부어 넣을 틀)과 이 거푸집을 지탱할 버팀목이 있어야 해. 그리고 앞에서도 보았지만, 미리 만들어놓은 콘크리트 부품을 사용할 수도 있단다. 엔지니어 네르비가 로마 스포츠 센터를 설계했을 때처럼 말이지.

– 건물에 있는 궁륭에 대해서는 지금까지 충분히 이야기한 것 같아요. 이제 화제를 바꿔서 다리에 있는 아치를 찾아볼까요? 잘 모르지만 다리에 활용되는 아치의 종류도 아주 다양할 것 같아요.

실제로 아치교는 건설에 사용한 재료에 따라서, 그리고 교량 바닥을 기준으로 아치를 설치한 위치에 따라서 달라. 고대 로마인들은 돌로 아치교를 세우곤 했지. 하지만 오늘날에는 콘크리트나 강철로 아치교를 세워. 유럽에 있는 거대한 콘크리트 다리 중 하나로는 알베르 루프 다리가 있고, 가장 오래된 금속 아치교로는 영국에 있는 콜브룩데일 다리가 있어.

– 저도 알아요. 아주 유명한 다리잖아요! 그런데 교량 바닥의 위쪽에 아치가 세워져 있는 다리도 본 적이 있어요.

그래. 이런 다리는 보스트링교라고 하는데, 이음보가 있는 아치라는 뜻이지. 아주 똑똑한 방법을 활용한 경우야. 이 같은 다리에서는 아치에 매달려 있는 교량 바닥이 아치의 다리에 작용하는 수평 응력을 흡수하는 이음보 역할을 해. '내부

보스트링교 기본 구조

프랑스 피니스테르주의 알베르 루프 다리

1930년에 엔지니어 유진 프레시네가 건축한 이 다리는 브레스트 근교에 있는 엘론강을 잇는 다리이다. 프레시네가 직접 개발한 과감한 기술과 공법을 적용한 이 다리는 경관이 아름다울 뿐만 아니라 경제성도 뛰어났다. 경간 거리가 188미터에 달해서 당시만 하더라도 철근 콘크리트로 지은 아치교 중에서는 가장 길었다. 이 다리에서 발견할 수 있는 혁신 중 하나는 거대한 나무 홍예틀을 이용해서 콘크리트 아치를 만든 것이다. 여기서 독창적인 점은 홍예틀의 규모뿐만 아니라 이를 설치한 방법에 있다. 이 홍예틀은 나무로 지은 가장 큰 구조물 중 하나로 꼽히는데, 배 두 척에 실려 공사 현장으로 운반되었다. 이렇게 해서 철근 콘크리트 아치 3개로 이루어진 구조물이 완성되었다. 격자로 된 이 아치의 단면을 보면 폭 9.5미터에 토대에서는 9미터, 키스톤에서는 4.3미터에 이르는 다양한 높이의 속이 빈 직사각형 모양을 하고 있다. 이 아치 위로 높이가 다른 철근 콘크리트 교각들이 세워지고 그 위로 복부가 트러스로 된 격자형 보가 놓여 있다. 바로 이 보가 다리의 이중 교량 바닥을 이루는데, 하단 바닥은 철도로 상단은 도로로 사용될 예정으로 만들어졌다. 이 구조물은 철근 콘크리트로 만든 가장 뛰어난 예술 작품 중 하나로 기록된다.

영국의 콜브룩데일 다리

1779년에 건축된 이 철교는 금속 재료로 만들어진 최초의 다리이다. 여기서 주철을 구조물의 자재로 사용한 것은 결코 우연이 아니다. 이 다리가 위치한 곳이 바로 제철산업의 요람인 세번 산업지구이기 때문이다. 이 다리 덕분에 콜브룩데일이라는 작은 마을 주민들이 강을 건널 수 있게 되었다. 당시에는 셔틀로 다니는 보트가 강을 건널 수 있는 유일한 수단이었는데, 그나마 거친 물살 때문에 이용하기가 쉽지 않았다. 이 다리는 엔지니어 토머스 파놀스 프리처드와 구조물의 주철 부분 제작을 담당한 제철가공업자 아브라함 다비 3세가 설계했다. 공사 초기에 프리처드가 사망하면서 다비 3세가 공사 전반에 대한 책임을 맡아서 완공까지 이끌었다. 공사 당시 목재 건설에서 사용하는 조립기술을 사용했다. 이 다리는 경간 길이 30미터가 되는 3힌지 아치 5개를 가로장으로 연결한 구조로 이루어져 있다.

에 있는' 이 이음보 덕분에 아치는 측벽의 지지를 받을 필요가 없거든. 따라서 보스트링교는 받침점에서 수직 방향의 반작용만 받으며, 아치 하단의 수평 압력은 교량 바닥(이음보 역할)에서 흡수되지.

　– 서로 주거니 받거니 하는 셈이네요. 아치가 케이블로 교량 바닥을 지탱하는가 하면, 이번에는 교량 바닥이 아치의 이음보 역할을 하는군요. 그런데 여기서 의문이 하나 생기네요. 압축력을 받는 이 아치는 휘어질 위험이 없나요?

　아주 훌륭한 지적이야. 당연히 그럴 위험이 존재하기 때문에 주의를 해야 해. 이 문제를 해결할 수 있는 방법은 여러 가지가 있지. 그중 하나는

미국 오리건주의 앨시만 다리

　뉴딜정책*의 일환으로 건설된 앨시만 다리는 엔지니어 콘데 발콤 맥컬러프가 설계했다. 총 연장 900미터에 달하는 이 철근 콘크리트 다리의 독창성은 아치 구조를 측면 경간에서는 교량 바닥 아래에, 중앙 경간에서는 교량 바닥 위에 사용한 것이다. 이 덕분에 보스트링으로 된 중앙 경간에는 다리 아래로 배가 자유롭게 지나다닐 수 있는 높이가 확보되었다. 경간의 길이가 가장 긴 것은 정중앙에 있는 길이 64미터짜리 경간이다. 안타깝게도 이 다리는 거친 해양 환경에 굴복하고 말았다. 일부 구조물의 파손 상태가 심각해서 1991년에 해체되어 새로 교체되었다.

***뉴딜정책** : 1929년 대공황 이후 미국 경제의 부흥을 위해 루즈벨트 대통령이 수립한 경제 계획.

보스트링교의 두 아치를 여러 막대를 이용해서 서로 이어 주는 거야. 앨시만 다리의 중앙 부분에 있는 교각 사이를 살펴보면 이 방법이 적용된 것을 잘 알 수 있어. 또, 이 다리를 자세히 들여다보면 앞에서 배웠던 몇 가지 개념이 다시 떠오르기도 할 거야.

 - 좋아요. 간단하게 복습해 보지요!

 양쪽 강가에 가까이 있는 경간들의 경우, 아치 위에 있는 기둥들이 교량 바닥을 지지해. 이 기둥들은 단면이 넓어야 휘어지지 않지. 아치의 경우는 휘어질 위험이 없단다. 교량 바닥이 아치의 키스톤 부분에서 아치를 수평 방향으로 유지하기 때문이지. 중앙에 있는 보스트링 경간 세 곳에서는, 인장력을 받는 케이블이 교량 바닥

앨시만 다리의 아치 구조

을 아치에 매달아. 이 케이블은 휘어질 염려가 없어서 단면이 작지. 반면, 중앙 경간의 아치들은 수평 방향으로 유지되지 않아서 휘어질 수 있기 때문에 가로 방향의 보로 연결되어 있는 거야.

 - 잘 알 것 같아요. 그러니까 제가 산책을 하다가 다리 초입에 도착하면 이 구조물 위에 서 있게 되는 것이군요. 그러다가 보스트링 구간에 다다르게 되면 구조물 안으로 들어가는 것이 되고, 압축력을 받는 아치의 키스톤 아래와 이음보 역할을 하는 교량 바닥 위에 서 있는 셈이 되는 것이군요.

바로 그렇단다!

— 그런데 이 다리 중앙의 보스트링 경간 세 군데의 아치를 유지하는 방법이 너무 딱딱하지 않은가 하는 생각이 들어요. 이 아치들이 휘어지지 않도록 하는 방법 중에서 좀 더 우아한 방법은 없나요?

아니, 있어. 에르말-수-아르장토 다리를 세울 때, 엔지니어 르네 그레쉬가 바로 그러한 방법을 사용했어. 이 다리 위의 두 아치는 마주보고 기울어진 상태에서 아치의 키스톤 부분에서 서로 연결되어 있

벨기에 리에주의 에르말-수-아르장토 다리

1985년에 건설된 총 연장 138미터의 이 금속 보스트링 다리는 그라이슈 건축 사무소에서 설계한 작품이다. 이 다리는 키스톤에서의 높이가 대략 22미터 정도 되는 금속 아치 2개로 이루어져 있다. 철판 격자로 된 아치는 케이블로 교량 바닥을 지탱하고 있으며, 교량 바닥은 이음보 역할을 하여 아치의 압력을 흡수한다. 두 아치가 비스듬하게 기울어져서 키스톤 부분에서 서로 연결된 덕분에 아치가 휘어질 위험이 적고 바람의 작용에 대한 안정성도 향상되었다.

위측면에서 본 구조   옆에서 본 구조

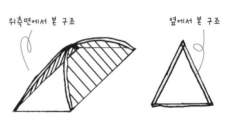

에르말-수-아르장토 다리의 아치 구조

지. 이렇게 연결되어 있기 때문에 아치는 수평 방향으로 이동하지 못해서 휘어질 위험이 크게 줄어들지.

프랑스 오를레앙에 있는 유럽 다리

이 다리는 오를레앙 서부의 교통체증을 해소할 목적으로 1998년부터 2000년까지 건설되었다. 이 다리의 금속 바닥은 케이블로 아치에 연결되어 지지된다. 살짝 기울어진 이 아치도 금속 재료로 만들어졌으며, 루아르강 속에 있는 기초 토대 위의 철근 콘크리트 돌출부에 있는 삼각형 구조가 지지하고 있다. 금속 교량 바닥의 폭은 25미터이며, 총 연장은 378미터이다. 중앙에 있는 경간 거리는 202미터이며 양쪽 측면에 있는 경간 두 개의 거리는 각각 88미터이다. 이 아름다운 다리는 건축가 산티아고 칼라트라바의 작품이며 이것 역시 그라이슈 건축 사무소에서 설계와 계산을 맡았다.

스위스 발레주의 모부아쟁 댐

바뉴 계곡(그랑딕상 댐이 위치한 계곡과 유사한 계곡) 깊은 곳에 위치한 이 댐은 1958년 완공 당시의 높이가 237미터였는데, 이후 1991년에 증축됨으로써 현재의 250미터 높이에 이르게 되었다. 꼭대기 부분에서 측정한 궁륭의 길이는 520미터이며, 하단의 토대 부분에서 측정한 두께는 53미터이고 꼭대기 부분에서는 12미터이다. 이 댐은 엔지니어 알프레드 스터키와의 협업으로 설계되었다.

프랑스 바르주의 말파세 댐

1959년 12월 2일 저녁 9시 13분, 말파세 댐이 붕괴되었다. 높이 40미터에 이르는 물살이 계곡을 덮쳐서, 붕괴 후 20분 만에 프레쥐시에 도달한 후 바다로 빠져나갔다. 이 사고로 400명 이상의 희생자가 발생했다. 엔지니어 앙드레 코엔이 설계한 이 댐은 1954년 완공된 것이었다.

아치댐 조감도

– 멋져요! 간단하지만 효과적인 방법이네요! 마지막으로 소개할 사례는 프랑스의 중세 도시 중 하나인 오를레앙에 있는 매우 아름다운 보스트링교인 유럽 다리란다.

– 지금까지는 건물과 다리에 아치가 사용된 경우를 살펴보았는데, 정말 굉장해요! 그런데 이외에 다른 건축물에서는 궁륭을 사용하지 않나요?

물론 사용하지. 특히 댐을 지을 때 많이 활용해. 앞에서 '중력댐'에 대해 배웠는데, '아치댐'이라고 하는 것도 있단다. 아치댐은 수평 방향으로 궁륭을 형성하여 수압을 흡수할 수 있고, 측벽 역할을 하는 계곡의 측면으로부터 지지를 받는단다. 모부아쟁 댐은 이러한 방법을 잘 보여주는 사례야. 그런데 만약 계곡의 측면이 충분한 내력을 지니고 있지 않으면, 이는 곧 재앙으로 이어지고 말아. 실제로 말파세 댐에서 이런 비극이 일어나기도 했지.

– 놀라워요! 아치와 궁륭, 돔은 같은 조상을 가진 아주 오래된 대가족과 같군요! 우리는 이들을 통해 고대 로마 시대부터 현재까지 시간여행을 하며 여러 대성당을 둘러보았어요. 돌이나 주철, 강철, 콘크리트를 재료로 만든 건물이나 다리, 댐도 보았지요. 모두 정말 흥미롭네요. 그런데 첫 부분에서 발판 사다리 이야기를 할 때부터 한 가지 마음에 걸리는 일이

있어요. 이 발판 사다리는 아치보다는 전에 본 적 있는 어떤 다리와 더 흡사해 보여요! 참고로 이 다리는 아직 우리가 탐험하지 않았지만요.

사실, 발판 사다리는 아치의 뿌리만 이루는 것이 아니고, 다리를 건설하는 데 많이 사용되는 기술인 트러스 보의 뿌리가 되기도 한단다. 그리고 방금 말한 것처럼 아치보다는 트러스 보에 더 가까운 모습이야.

그래서 우리가 떠나는 모험은 바로 이 트러스 보를 만나러 가는 것이란다.

제 7 장

기둥과 기둥을 연결하는 보!

자, 이제는 본격적으로 건축물 속으로 들어가 보자.
이번 여행은 기둥과 기둥을 연결하는 보에 대해
심층적으로 알아보는 여행이 될 거야. 그런데 이번에도
발판사다리가 다시 등장해. 어떤 역할을 하는지 알아보자.
건축 여행으로는 벨기에와 프랑스를 오가다가
잠시 중국에도 들를 것이란다!

– 좋아요, 그러니까 아치와 트러스
보의 뿌리를 거슬러 올라가 보면 둘 다
발판 사다리에서 출발했다는 것이군요?

음, 좀 더 정확히 말하자면, 아치와
트러스 보는 발판 사다리의 뿌리가 되

> **구조물의 조건**
> ● 전체적으로 **평형 상태**를 유지해
> 야 한다.
> ● 충분한 **내력**을 지녀야 한다.
> ● 충분히 **견고**해야 한다.

는 홍예석 2개짜리 기본 아치에서 시작된 것이라고 할 수 있어! 앞에서
우리는 아치와 돔이라고 하는 넓은 범위의 구조물에 대해서 공부했지. 이
제 시선을 돌려 또 다른 주요 구조물인 트러스 보에 대해 알아보자. 작은
막대 두 개, 다시 말해 작은 보 두 개로 이루
어진 기본 아치에서부터 다시 시작해 볼까. 알
다시피 보를 걸쳐둘 두 받침점 사이의 간격이
보의 길이보다 짧으면, 이 작은 보 하나만으로

도 하나의 공간에 '다리 잇기'를 할 수 있어. 그런데 두 받침점이 보의 길

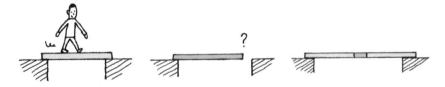

이보다 멀다면, 보의 끝과 끝을 잇는 방법으로 이 문제를 해결해 볼 수
있을 거야. 그러나 보와 보를 이어 붙이는 일이 쉽지가 않으므로 금세 변
형이라는 문제에 걸려. 지금까지 공부한 내용에 따르면, 구조물은 전체적
으로 **평형 상태**에 있어야 하며, 구조물을 구성하는 각각의 부분들과 이

들의 결합체 역시 충분한 **내력**을 지녀야 해. 여기에 한 가지 더 말하자면, 구조물은 지나치게 쉽게 변형되어서도 안 된단다. 아주 **견고해야** 하는거지. 구조가 무용지물이 되거나 심지어 불안정하게 될 위험이 있기 때문이야. 따라서 이런 위험을 감수하면서까지 작

벨기에 루뱅라뇌브의 로젤 육교

　엔지니어 미셸 프로보스트의 사전조사를 바탕으로 1980년에 건설된 이 육교는 경간 거리 약 15미터의 독립된 쌍둥이 경간 두 개로 이루어져 있다. 각 경간은 기본 궁륭으로 이루어져 있으며, 보 스트링 다리의 경우와 마찬가지로 이음보 역할을 하는 교량 바닥 덕분에 궁륭 하단이 잘 고정되어 있다. 교량 바닥은 케이블을 통해 금속 골조에 매달려 있다. 사실 이 육교는 기본 궁륭과는 조금 다른 모습을 하고 있다. 일단 케이블의 수가 많으며, 다른 한편으로는 이음보 역할을 하는 교량 바닥의 위치가 기본 궁륭의 하단 부분보다 높다.

은 보 두 개를 연결하여 길게 만드는 것보다는 기본 아치의 원리를 빌려서 문제를 해결해 볼 수 있단다.

　— 발판 사다리의 원리를 이용한다는 말씀이시죠?

　그래, 점점 구조의 세계를 이해하는 것 같군. 보의 다리 부분이 벌어지지 않게 하려면 양쪽 보의 머리 부분을 하나의 축으로 이어 주거나, 고정 장치로 보를 고정시키거나, 이음보를 이용

축으로 이어주기

보 고정시키기

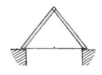

이음보 연결하기

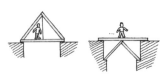

하면 되지. 오른쪽 그림을 보면 이런 방법으로 만든 다리 '모형' 두 개가 소개되어 있어. 그 첫 번째 사례가 바로 로젤 육교야. 앞으로 몇 가지 개념을 더 배우고 나면 다른 예들도 소개해 줄게.

 ─ 이렇게 이음보로 연결된 기본 아치는 아치의 구성 요소 하나만을 사용해서 다리를 이었을 때보다 더 넓은 공간을 다리로 이을 수 있네요. 하지만 만약 이어야 하는 공간이 훨씬 더 넓다면 어떻게 해야 하나요? 아치 두 개를 연달아 이어볼 수도 있겠군요. 그런데 저런! 구조를 유지하지 못하고 무너져 버리네요! 이제 어떻게 해야 하지요?

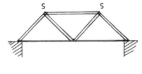

이 문제를 해결하려면 그림에 S라고 표시된 두 지점이 서로 가까워지지 않게 하면 되는데, 그러려면 막대기로 둘 사이의 거리가 가까워지지 않도록 유지시키기만 하면 돼. 그리고 이 같은 작업을 반복하면 트러스 보로 만들어진 다리를 세우게 되는 것이지.

 ─ 그런데 막대들을 수직으로 세워서 만든 트러스 보도 본 적이 있어요.

그랬을 거야. 그 밖에도 트러스 보의 유형은 여러 가지가 있단다. 앞에

서는 일단 비스듬히 기울어진 막대로 트러스 보를 만드는 생각을 한 것
이고, 이외에도 얼마든지 다른 방법도 생각해볼 수 있지.

　– 그럼 다른 것도 시도해 보면 좋겠어요. 아래쪽에서 반작용을 흡수
하는 것이 불가능하다면, 이번에는 위쪽을 공략해 볼까요? 케이블을 사

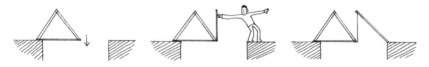

용하면 어떨까요? 이렇게 해보니 불편하기만 하고 실용성도 거의 없군요!
더 나은 방법을 찾아봐야겠어요…….

　그래 여러 가지 방법을 생각해 보는 것은 좋지. 그런데 그 방법은 아이
디어는 참신하기는 하지만 안정성은 떨어지는군.

　그 외에도 오른쪽 그림에
서 보는 것 같은 방법이 조금
낫긴 하지만…… 이런 역시나
무너져 버리는군…….

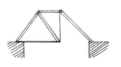

　　　　　　　– 앗, 그럼 왼쪽 그림
　　　　　　　과 같은 방법을 쓰면 되
　　　　　　　겠어요!

　그렇지! 같은 쪽으로만 반복해서 결합시켜도 되고, 아니면 양쪽에서 서
로 대칭이 되게 결합시켜도 돼. 그러
면 새로운 형태의 트러스교가 하나

완성되는 것이지.

– 이것은 예전에 보았던 트러스교와 많이 닮기는 했지만……좀 달라요. 그 트러스에는 진짜 정사각형 모양이 있었거든요.

실제로 보 한 개는 여러 정사각형을 촘촘히 결합시킨 것이라고 볼 수 있어. 하지만 이 사각형들 하나하나가 변형되지 않도록 주의해야 한단다.

– 무슨 뜻인가요?

우리가 갖고 있는 작은 나무 조각으로 정사각형을 만들어 보자. 그런 다음 그 위에 하중을 가해 보는 거야. 어때, 아주 안정적이지는 않지?

– 맞아요, 사각형이 변형되어서는 안 된다고 했어요…….

사각형이 변형되지 않게 하려면 이음보를 설치하는 것이 한 가지 방법이야. 단, 주의를 기울여 올바른 방향에 설치해야 하지.

– 정말 그렇네요! 이렇게 만들어진 보를 뒤집어 볼까요? 이음보가 있어도 무너져 버리네요!

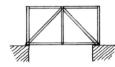

그렇단다. 다만, 대각선이 압축력을 견뎌낼 수만 있다면 어떤 방향으로 설치해도 상관없어. 그렇지만 경제적인 이유 때문에, 인장력이 작용하는 막대를 사용하는 방법을 대체로 선호한단다. 왜냐하면 이 경우 막대가 휘어질 염려가 없어서 단면이 비교적 작아도 되기 때문이야. 그러므로 보에 어떤

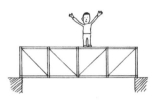

하중이 가해지더라도, 케이블에 계속해서
인장력이 작용하도록 케이블을 잘 배치하
면서 사용해야 할 거야.

　- 이 시점에서 우리가 사용했던 작은 보를 다시 집어 들어서 이어 볼게
요. 이렇게 하니까 제가 생각하던 바로 그 트러스 보가 만들어지는군요!
이제 확실히 알겠어요. 하지만 실제로 이런 것을 적용한 사례가 있나요?

벨기에 브뤼셀의 볼루베 성-베드로 스포츠 센터

　건축가 르네 아에르와 폴 라몽,
엔지니어 자크 로뱅이 1975년에 건
설한 이 스포츠센터의 수영장과 복
합 스포츠홀은 지붕이 금속 골조로
덮여 있다. 대형 트러스 보를 사용
한 좋은 사례로 꼽히는 이 두 개의
지붕은 각각 건물의 세로 방향으로

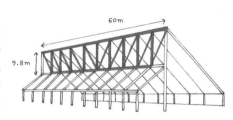

높게(너비의 약 3분의 1) 배치된 금속 트러스 보에 의해 지지된다. 이 중심 보의 지지
를 받는 지붕의 두 사면 중 한쪽은 압축력을 받는 상부 골조의, 다른 한쪽은 인장력을
받는 하부 골조의 지지를 받는다. 이렇게 해서 이 건물의 유리 '외관'이 보를 중심으로
형성된다.

벨기에 브뤼셀의 투르&택시 사의 A 창고

　벨기에 관세청에서 사용할 용도로 지은 이 괄
목할 만한 작품은 건축가 어니스트 반 험
빅과 엔지니어 쥘 존이 1904년에 건설한
것이다. 여기에 사용된 보의 길이는 60미
터이며 높이는 7미터에 이른다. 지붕은 가
건물 형태의 경간 14개로 이루어져 있다.

물론, 있고 말고! 브뤼셀에 있는 볼뤼베-성베드로 구의 스포츠센터 지붕이야말로 트러스 보를 사용한 좋은 사례란다. 이 같은 방식의 지붕 배치를 반복하면 '셰드'형 지붕이나 톱니형 지붕이 만들어져. 이런 유형의 지붕은 흔히 대규모 산업 시설에 사용돼. 아마 누구나 이런 지붕을 본 적이 있겠지만 명칭은 잘 모를 거야. 지붕의 각 부분은 연속적으로 보와 보 사이에 아래위로 놓여서 지지를 받는단다. 보와 보 사이에 생긴 '빈' 공간은 반투명한 재료로 채워서 실내에 빛이 들어오게 해. 그리고 이 면이 북쪽을 향하도록 해서 실내에 있는 사람들이 햇빛 때문에 눈이 부시지 않도록 세심하게 배려해야 하지. 이런 종류의 구조물을 대표하는 사례가 바로 브뤼셀에 있는 투르&택시 사의 A 창고 건물이란다.

– 트러스 보로 만든 멋진 다리들도 많이 있을 것이라 생각되는데요?

맞아. 그런데 다리에 사용된 트러스 보는 훨씬 복잡한 경우가 많아. 그래도 공통적으로 이들 트러스 보에서는 사선으로 기울어진 막대를 X자나 V자 형태로 항상 사용하며, 또한 수직 방향의 막대를 사용하는 경우도 자주 있단다. 이 막대들은 모두 보의 상부 골조와 하부 골조를 연결해 주지.

– 골조란 무엇인가요?

트러스 보의 위와 아래에 있는 가로 방향(수평 방향)의 막대를 말해.

– 아, 알겠어요. 이번에는 트러스 보가 활용된 사례를 소개해 주세요.

트러스 보는 19세기 말에 금속 재료로 대형 교량을 건설할 때 주로 사용되었어. 프랑스 중부의 알리에주에 있는 부블 고가도로가 그 좋은 예지.

– 기본 아치로 구성된 다리 하나를 예로 들었던 기억이 나는데요……

프랑스 알리에주의 부블 고가도로

1868년부터 1870년까지 건설된 이 고가도
로 덕분에 부블 계곡을 가로지르는 철도
노선이 생겼다. 엔지니어 빌헬름 뇨르
들링과 펠릭스 모로가 설계한 이
구조물에는 중앙 부분에 50미터
길이의 거대한 경간 6개가 있다.
이 구조물을 이루는 4.5미터 높이
의 평행한 트러스 보 2개는 교량

바닥 아래에 설치되어 있다. 벽돌로 만든 진입용 고가도로가 양단에서 이 두 트러스
보를 지지하며 측벽 역할을 하고 있다. 또한 아래로는 주철로 만든 트러스 교각 5개가
지지하고 있는데, 이들 교각의 높이는 42미터에서 57미터까지 다양하다. 이 작품의 가
로 방향 안정성을 향상시키기 위해, 교각은 아래로 내려가 지상에 가까워질수록 그 단
면이 커지도록 되어 있다.

중국 윈난성의 런쯔차오 다리

베트남의 라오까이와 중국 윈난성의 윈난포를 잇
는 철도노선의 핵심 부분을 이루는 이 다리는 험
난한 현장에서 1903년부터 1910년까지 8년이라는
기간에 공사가 진행되었다. 이 다리는 엔지니어 폴
보댕이 동일한 철도노선 안에 포함되어 있는 다른 다
리들과 함께 설계한 것이다. 이 작품은 길이 67미터의
금속 트러스 보 한 개로 구성되어 있으며 5개 받침점에서
지지를 받고 있다. 즉, 기본 아치의 꼭대기, 이 아치를 이루는 각각의 두 보 가운데, 계
곡 측면에 연결되어 있는 양쪽 끝에서 지지되고 있는 것이다. 이 기본 아치의 하단은
55미터 너비로 벌어져 있다.

맞아. 중국의 런쯔차오 다리가 흥미로운 사례라 할 수 있어. 이 다리
의 기본 아치는 트러스 보 두 개로 이루어져 있거든. 그런데 압축력이 가
해진 막대와 이음보를 가지고 계속해서 장난을 하다 보면 이보다 더 재미
난 해결책을 발견할 수도 있지. 미국 버지니아주의 린치버그시 근처에 있
는 어떤 다리처럼 말이지. 하지만 아직은 이 다리에 대해 자세히 설명할

프랑스 캉탈주의 가라비 대교

이미 앞에서도 언급했던 엔지니어인 '탑의 귀재' 구스타브 에펠이 1888년에 완공한 이 고가 철교는 19세기 말의 금속 건축을 대표하는 예술 작품 중 하나다. 이 다리의 교량 바닥은 450미터 길이의 트러스 보로 되어 있다. 부블 고가도로와 마찬가지로 여기서도 이 트러스 보는 측벽 역할을 하는 벽돌 고가 진입 다리의 양쪽 끝단에 지지되어 있으며, 중간에는 8개의 받침점에서 지지되고 있다. 이 8개의 지점 중 5개는 지상에 놓여 있는 교각이고, 2개는 아치 위에 있는 짧은 교각이며, 마지막 1개는 165미터 폭으로 벌어져 있는 이 대형 트러스 아치의 꼭대기 부분이다.

수 있을 정도로 개념이 완전히 확립되지 않은 상태이니 이 다리 이야기는 나중에 다시 해 줄게. 이 부분에서 마지막으로 소개할 사례는 보와 아치의 만남이 이루어진 캉탈 지역에 있는 가라비 대교

린치버그시 근교의 한 다리

야. 이 다리의 보는 아치 위에 놓여 있는 덕분에 중앙 부분에 높은 교각을 사용하지 않아도 되었지. 앞서 우리가 사용했던 보, 즉 모양이 변형되지 않는 정사각형들이 모여 만들어진 보에 대한 이야기로 다시 돌아가 보자. 정사각형들이 변형되지 않도록 하는 방법으로 무엇이 있을지 깊이 생각해 보면 우리 앞에 다른 길들이 열릴 수도 있을 테니까.

중앙에 아치를 사용하지 않을 경우의 가라비 대교 모습

― 앞에서는 이 정사각형들이 변형되지 않도록 대각선을 설치

했었죠. 그럼, 이 밖에도 다른 방법이 있는 건가요? 아, 그래요! '모서리를 고정시켜서' 막대가 서로서로 이동하는 것을 막기만 하면 되는 거지요?

연결 받침

맞아! 각도를 고정시키는 용도의 이 삼각형을 '연결 받침'이라고 불러. 이 같은 유형의 보는 철교를 만드는 데 많이 사용되는데, 20세기 초에 이것을 개발한 벨기에 엔

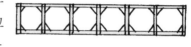

지니어의 이름을 따서 '비이렌딜 보'라고 해. 이것은 철교뿐만 아니라 건물에서도 사용되는데, 어떤 경우에는 눈에 띄게 하기도 하고 또 어떤 경우에는 눈에 보이지 않게 사용해. 파리 라데팡스 구역에 있는 그랑드 아치의 수평 부분이 바로 그런 경우야.

여기서 다시 다리 이야기로 돌아와서 브뤼셀에 있는 레켄 다리를 살펴보자.

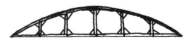

브뤼셀 레켄 다리의 보

– 어? 이 다리의 경우에는 보의 높이가 일정하지 않고 달라지는데요. 가운데 부분이 가장 높아요. 왜 그런가요?

아주 좋은 질문이야. 먼저, 보의 기능에 대해 배웠던 것을 다시 복습하면서 공부를 시작해 보자. 우선, 일정한 높이를 지닌 보를 하나 생각해 볼까. 앞에서 살펴보았듯이, 보에 가해지는 작용으로 인해 생긴 외부 우력은 내부 우력에 의해 평형을 유지해. 여기서 이 내부 우력은 보의 아래와 위에 있는 골조에서 나타나는 응력 때문에 생기지. 이 우력의 받침점에서 힘점까지의 거리, 즉 이 응력들 간의 거리는 바로 이 두 골조들 사이의 거리야.

– 알겠어요. 그런데 보의 높이가 왜 다른지는 이해되지 않았어요.

그 이유는 흡수해야 할 내부 우력의 크기가 다르기 때문이란다. 하중이 균일하게 분산되어 있다면, 우

력의 크기는 보의 중앙에서 가장 크며 양쪽 끝 받침점으로 갈수록 크기가 작아져. 그래서 다리가 받침점에 근접할수록 보의 높이가 낮아질 수 있어. 전반적으로 말하자면, 보의 높이를 다르게 하는 것은 재료를 절약하기 위한 것이며, 결국 보의 저항력이 하중이 가해질 때 발생하는 외력에 최상으로 반응하게 하

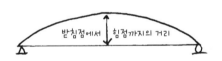

려는 것이지. 즉, 보의 높이를 다르게 하는 까닭은 이렇게 함으로써 보를 최적화할 수 있기 때문이야.

– 제가 이해한 바에 따르면, 보에 하중을 가했을 때 휘어지거나 망가질 위험이 있는 곳은 보의 가운데 부분이에요. 그러니까 바로 이 가운데 부분의 내력을 증가시켜야 하는데, 그러려면 보의 높이도 높여야 하는 것이고요. 그리고 나머지는……

바로 그렇게 하는 거야. 여기서 우리의 목표는 모든 것을 다 완벽하게 이해하는 것이 아니라, 그보다는 '느끼고, 곱씹어서, 다시 느끼고'자 하는 것이란다. 두드려라, 그러면 열릴 것이니.

벨기에 브뤼셀의 레켄 다리

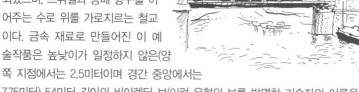

이 다리는 제2차 세계 대전 기간에 공사가 진행되어 1942년에 개통되었으며, 브뤼셀과 앙베 항구를 이어주는 수로 위를 가로지르는 철교이다. 금속 재료로 만들어진 이 예술작품은 높낮이가 일정하지 않은(양쪽 지점에서는 2.5미터이며 경간 중앙에서는 7.75미터) 54미터 길이의 비이렌딜 보(이런 유형의 보를 발명한 기술자의 이름을 따서 붙였음) 두 개로 구성되어 있다.

프랑스 파리 라데팡스 신개선문

1989년에 완공된 진정한 현대적 스타일의 개선문인 이 건축물은 프랑스의 프랑수아 미테랑 대통령이 추진해서 건축가 요한-오토 폰 슈프레켈센과 엔지니어 에릭 라이첼이 건설한 작품이다. 주랑 형태를 한 이 건물은 한 변의 길이가 110미터 정도 되는 입방체 안에 포함되어 있으며 철근 프리스트레스트 콘크리트 구조를 하고 있다. 양쪽 측면에 있는 두 개의 공간은 꼭대기에서 대형 비이렌딜 보로 구성된 양쪽을 가로지르는 상인방으로 연결되어 있으며 이 부분에 건물의 최상층이 들어서 있다.

이 장을 마무리하기 전에, 변형되지 않는 정사각형 이야기를 다시 꺼내야겠다. 앞에서 우리는 정사각형의 변형을 막는 두 가지 방법, 즉 대각선 설치하기와 끼워 넣기 방법을 알아보았어. 그런데 이 두 가지 외에도 한 가지 방법이 더 있단다. 바로 정사각형을 '막'으로 '채워 넣는' 거야. 그런데

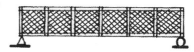

그렇게 하면 다시 각기둥 모양의 보 이야기로 돌아오게 되지. 보에서 외력을 가장 많이 받는 부분이 상부와 하부 골조이기 때문에 금속 빔은 I형을 하고 있단다. I 빔의 상부와 하부 골조는 상하부항휨부재라고 하며, 상하부항휨부재 사이에 있는 부분은 중간항전단부재라고 해.

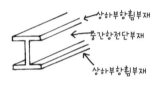

← 상하부항휨부재
← 중간항전단부재
← 상하부항휨부재

I 빔의 구조

— 지금까지 배운 내용을 다시 정리해 볼까요! 상판 잇기, 지지하기, 버팀대 대기 등의 세 가지 구조적 기능을 다시 짚어보도록 해요.

● '상판 잇기' 기능을 알아보기 위해 우리는 아치, 궁륭, 돔의 세계와 보의 세계를 탐험했으며,

● '지지하기' 기능을 공부하기 위해, 기둥과 케이블을 둘러보는 여행을 했어요.

● 하지만 '버팀대 대기' 기능에 대해서는 아직 몇 걸음 떼지 못했네요.

아주 잘 정리했어. 그럼 이제 세 번째 기능을 자세히 알아보러 갈까?

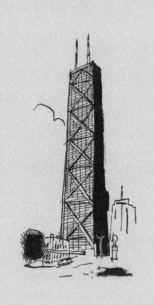

제 **8** 장

정사각형의 변형 방지와
버팀대 대기는 어떻게 가능할까?

여기에서는 건축물의 구조를 안정적으로 만들기 위해
트러스 보의 정사각형의 변형 방지 문제를 다시 다루고,
성 안드레아의 십자가에 대해서도 공부할 거야.
그리고 이러한 실제 예를 알아보기 위해 브뤼셀에서
시카고를 거쳐 뉴욕으로 건축 여행을 떠난단다.

구조물에 버팀대를 대려면 견고한 요소를 설치해야 해. 앞 장에서 정사각형이 변형되지 않아야 된다고 한 것이 바로 이를 위해서야. 자, 그럼 그 방법을 한 번 더 활용해 보도록 하자!

 − 어떻게 활용하면 될까요?

기둥과 보로 이루어진 단순한 건물에 버팀대를 대기 위해서는, 연속된 두 개의 기둥 사이에 대각선을 설치하면 돼. 언제나 그렇듯 여기에서도 재료를 절약하기 위해 인장력이 작용하는 대각선, 즉 이음보와 케이블을 사용하지.

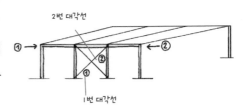

단, 명심해야 할 것은 대각선이 두 개가 필요하다는 사실이야. 만약 바람이 왼쪽에서 분다면 위의 그림에서 보이는 1번 대각선에 인장력이 작용하기 시작할 것이며, 반대로 오른쪽에서 바람이 불면 2번 대각선에 인장력이 작용하기 시작할 것이기 때문이지. 이와 같은 버팀대 대기 방법을 **성 안드레아의 십자가***라고 부른단다. 여기에 사용된 기둥과 대각선 대신 돌이나 벽돌 또는 콘크리트를 재료로 한 벽도 지지하기와 버팀대 대기 기능을 할 수 있어.

 − 버팀대 대기와 관련해서, 주랑을 만들 때 보와 기둥을 끼워 넣기 하는 방법에 대해서도 이야기한 적이 있는데요.

본문 하단

***성 안드레아의 십자가** : 두 나무가 비스듬히 교차하는 모양의 십자가를 말한다.

맞아! 높이가 높지 않은 건물에 버팀대를 대려면 성 안드레아의 십자가, 주랑, 벽 또는 판을 이용하는 법 등 이렇게 세 가지 방법이 가능하지.

 – 잘 알겠어요. 그러면 탑의 경우는 어떤가요? 앞에서는 토론토 타워를 예로 살펴보았는데요. 이 탑은 땅속에 박혀 있었어요.

그래. 우리는 '탑' 자체를 건물의 척추처럼 활용할 수 있단다. 이 같은 건물의 척추를 두고 중심 기둥이라고 해. 바로 이 기둥 안에 층계와 승강기, 위생 시설 등을 설치하지. 유럽에서는 일반적으로 이 중심 기둥을 콘크리트 판으로 만들어. 반면, 미국에서는 대체로 금속 트러스를 사용해서 만든단다.

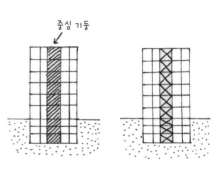

 – 그러니까 콘크리트 판이나 금속 트러스는 어떻게 보면 같은 것이라고 생각할 수 있겠네요?

그렇지. 두 경우 모두 보에 해당해. 하나는 복부에 콘크리트를 채워 넣은 것이라고 한다면, 다른 하나는 금속 트러스로 만든 것이지.

 – 이와 관련된 예는 없나요?

물론, 좋은 예가 하나 있지. 이것을 보면 콘크리트로 된 중심 기둥, 돌출부와 케이블, 기둥도 잘 확인할 수 있단다. 그 주인공은 바로 브뤼셀에 있는 미디 타워야. 자, 그럼 이 시점에서 먼저 배웠던 것을 잠시 복습하도록 해 볼까.

  — 좋아요. 언제든지 환영이에요.

  건물의 높이가 높아질수록 건물에는 바람에 의한 외력이 많이 작용하게 될 거야. 그리고 이에 따라 건물을 지탱하는 중심 기둥의 규모도 커져야만 할 것이고 말이야.

  — 그렇다면 고층 건물의 경우에는 중심 기둥이 건물만큼 커질 수도 있겠네요?

벨기에 브뤼셀의 미디 타워

  1967년에 완공된 이 빌딩은 높이 150미터, 38층 규모로 벨기에에서 가장 높은 건물이다. 미디 타워의 구조를 살펴보면, 한 변의 길이가 20미터인 정사각형 단면을 지닌 중심 기둥으로 이루어져 있다. 척추 역할을 하는 이 중심 기둥은 40제곱미터 면적의 상판들을 지지하고 있다. 따라서 이 상판들은 중심 기둥의 둘레로 10미터씩 돌출되어 나와 있다. 이 상판들은 구조적으로 쌍을 이루어 기능한다.

  상판 한 쌍 중 아래쪽 상판에는 남북 방향의 보가 4개 있으며, 위쪽 상판에는 동서 방향의 보가 4개 있다. 이 보들은 모두 중심 기둥에 걸려 있다. 아래쪽 상판의 보들은 자체 하중의 일부를 흡수하며, 이와 함께 기둥으로 연결되어 그 위쪽에 있는 상판의 하중 중 일부도 흡수한다. 위쪽 상판의 보들은 자체 하중의 일부를 흡수하면서, 케이블을 통해 이어진 아래쪽 하중 중 일부도 흡수한다. 엔지니어 아브라함 립스키가 설계한 이 재치 있는 작품에는 8개의 버팀벽이 있어서 중심 기둥에서 발생한 하중을 건물의 기초로 전달해 준다. 이 기초는 한 변의 길이가 60미터인 정사각형 모양의 콘크리트 평판으로 되어 있다.

그렇지. 사실 이것은 고층 건물을 설계할 때 가끔 사용되는 방법이기도 하단다. 이 경우 중심 기둥은 더 이상 존재하지 않고 건물 자체가 바로 중심 기둥이 되는 것이지. 이와 같은 경우를 잘 보여주는 예가 시카고에 있는 존 핸콕 센터란다.

반면, 트러스의 경우에는 건물 전체를 반드시 커버해야 할 필요는 없어. 맨해튼에 있는 뉴욕타임즈 빌딩의 경우처럼 트러스가 더 적어도 된단다.

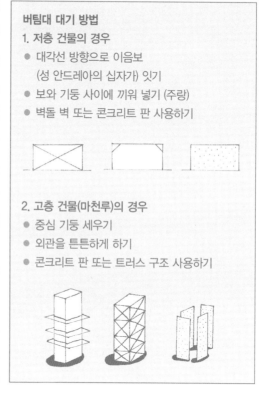

버팀대 대기 방법
1. 저층 건물의 경우
● 대각선 방향으로 이음보 (성 안드레아의 십자가) 잇기
● 보와 기둥 사이에 끼워 넣기 (주랑)
● 벽돌 벽 또는 콘크리트 판 사용하기

2. 고층 건물(마천루)의 경우
● 중심 기둥 세우기
● 외관을 튼튼하게 하기
● 콘크리트 판 또는 트러스 구조 사용하기

요약하자면, 탑이나 고층건물에 버팀대를 대는 방법은 세 가지가 가능해. 즉, 중심 기둥 세우기, 외관을 튼튼하게 하기 또는 트러스나 콘크리트 판으로 된 구조물 이용하기 등이지.

– 머릿속에서 이제 좀 정리가 되어 가는 느낌이에요. 그럼 또 복습해 볼게요. 우리는 조금 전에 버팀대를 어떻게 댈 것인지 알아보았어요. 그보

다 앞서서는 기둥이나 케이블로 어떻게 지지할 수 있는지를 배웠고요. 그리고 보나 아치로 어떻게 다리를 이을지도 살펴보았어요. 이외에도 무엇이 더 있나요? 다리를 잇는 다른 방법이 더 있나요? 분명히 그렇겠지요! 맞아요! 제가 누워 있는 이 해먹도 다리를 잇는 또 하나의 방법이 되네요! 그럼 다음 장에서 좀 더 자세히 알아볼까요?

미국 시카고의 존 핸콕 센터

1965년에 공사를 시작해서 1969년에 완공된 높이 344미터짜리 이 마천루(100층)는 스키드모어, 오윙스&메릴(SOM) 건축사무소에서 설계했다. 세계 최대 규모의 주상 복합 건물이다. 비교적 고전적인 스타일의 골격을 갖춘 이 건물은 강철 철근 장선이 주를 이룬다. 가장 눈에 띄는 특징은 건물 외관에서 기둥과 대각선 이음보로 버팀대 대기를 한 것이다. 이 같은 구조적 시스템은 SOM 사무소의 엔지니어 파즐러 라만 칸의 작품이다.

미국 뉴욕의 뉴욕 타임즈 빌딩

2007년에 완공된 이 건물은 건축가 렌조 피아노와 엔지니어 손턴 토마세티가 설계했다. 강철 골격과 십자형 토대를 가진 이 52층 건물의 높이는 319미터에 달한다. 현재 뉴욕에서 세 번째로 높은 건물로 기록되어 있다. 이 빌딩의 버팀대 시스템은 건물의 측면 외관에서 모퉁이를 따라 볼 수 있는 트러스 보로 구성되어 있다.

제 9 장

간단한 해먹에서
복잡한 금문교까지

이 장에서는 아치와 현수선에 대해 공부하고,
구조의 원리를 제대로 적용하지 못해 발생한
몇 가지 안타까운 사고에 대해서도 알아볼 거야.
그리고 그것을 확인해 보기 위해 프랑스를 출발해서
미국과 스위스를 거쳐 포르투갈로 건축물을 찾아가는
여행을 할 거란다.

해먹의 구조

다시 해먹 이야기로 설명을 시작해 볼까. 앞에서 말한 대로 해먹에서도 다리 잇기를 하는 또 하나의 방법을 발견할 수 있거든.

– 예전에 덩굴성 식물로 만든 구름다리를 본 적이 있어요. 그런데 여기에도 어떤 원리가 숨어 있는 건가요?

구름 다리

물론이지. 이 원리를 쉽게 이해할 수 있는 간

기본 아치

뒤집은 아치

단한 방법은 앞에서 다루었던 기본 아치에서부터 차근차근 다시 생각하는 거야. 기본 아치를 이루는 두 부분은 압축력을 받기 때문에 아치의 다리를 고정해서 사이가 벌어지지 않도록 해야 하지. 이것을 거꾸로 놓고 한번 생각해 보자. 그러면 압축력 대신 인장력이 작용하는데, 그렇게 되면 이번에는 두 부분이 서로 가까워지지 못하도록 버팀대를 고정시켜야 하는 거지. 확실히 하기 위해서 간단한 실험을 몇 가지해 보자.

– 와, 좋아요. 실험은 언제나 환영이에요!

자, 오른쪽의 그림처럼 기둥 두 개를 세워 놓고 양쪽 꼭대기를 연결하는 케이블을 하나 걸어 보자. 그러면 어떻게 될까? 아마도 기둥이 충분

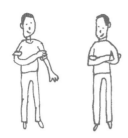

히 견고하지 않으면 기둥 꼭대기는 수평 방향의
힘을 받아서 두 기둥이 오른쪽의 그림처럼 가운
데 쪽으로 서로 모이게 될 거야.

  – 그렇네요.

그럼 다른 실험을 하나 더 해보자. 이번에는 이 케이블을 고정된 두 개

의 지점에 걸고 그 위로 우리가 걸어간다고 생각해 보자. 아마도 우리 몸
무게가 가하는 하중에 따라 케이블은 모양이 달라질 거야. 하중이 케이
블을 따라 균일하게 분산될 때 생기는 모양을 **현**

수선*이라고 해. 이것은 우리가 같은 하중을 가진
진주를 같은 간격으로 꿰어 만든 목걸이를 손가락
사이에 걸고 늘어뜨렸을 때 얻을 수 있는 바로 그
모양이란다.

현수선의 모양

  – 아, 기억났어요! 앞에서 가우디에 대해 이야기를 할 때 '자연스러운'
아치 형태에 관한 언급을 했어요.

그래 바로 그것이란다. 하중이 일관되게 가해지고 수평적으로 분산된
'자연스러운' 형태의 아치는 바로 포물선 모양이야. 그리고 같은 하중을

***현수선** : 같은 높이의 두 곳 사이에 줄을 늘어뜨렸을 때 생기는 곡선을 말한다.

가진 진주를 같은 간격으로 꿰어서 균일한 하중을 가한 케이블의 모양이 바로 현수선이야. 이 두 모양이 매우 유사하기 때문에, 편의상 앞으로는 이 두 가지를 꼭 구별하지는 않도록 할게.

– 네. 케이블에 대한 설명은 잘 알 것 같아요.

그럼 이제 버팀대 문제로 넘어가 보자. 케이블이 연결되어 있으면 그 양 끝은 반드시 고정되어 있어야 해.

– 넝쿨 식물로 만든 구름다리는 절벽 꼭대기에 버팀대를 둬서 고정시키지요. 그런데 제 해먹은 어떻게 고정시켰나요?

땅에 박아 넣은 케이블과 지주를 사용했단다.

– 아, 잠깐만요! 해먹을 생각하니 갑자기 커다란 다리 하나가 머리에 떠올랐어요. 금문교 말   이에요. 그런데 좀 걸리 는 부분이 있어요. 넝쿨 식물로 만든 구름다리 위로 차를 타고 건너는 것은 어째 적절치 않아 보 이거든요!

그런 구름다리는 현수교와는 달리 충분히 견고하지도 않고 바닥짐으로 무게가 가해진 것도 아니기 때문에 그렇단다.

– '견고함'은 이해되는데 '바닥짐'이란 또 무엇인가요?

그렇지, 모르는 것은 반드시 물어보고 가는 것이 배우는 사람의 자세 란다. 그럼 알기 쉽게 말해줄게. 자, 아치와 케이블은 각각 기둥과 밧줄 처럼 기능하는데, 압축력을 받는 기둥은 무게가 무거워. 또 밧줄은 인장

력을 받는데, 무게가 가벼워서 바람의 작용에 민감하지. 아치는 기둥처
럼 압축력을 받으며 무겁고 안정적이
야. 케이블은 밧줄처럼 인장력을 받
고, 가볍고 불안정하며 바람의 작용
에 민감하단다. 이때 무게가 가벼운

재료의 안정성을 확보하는 방법이 바로 바닥짐을 이용해서 적절한 하중
을 주는 것이지.

　– 아, 이제 알 것 같아요. 제 해먹을 보면 비어 있을 때에는 바람의 작
용을 받아 불안정하지만, 제가 안에 들어가서 누우면 제 몸무게가 해먹
에 하중을 가하게 되어 바닥짐을 두는 것처럼 무게를 주어 안정성을 높
이는 것이지요. 물론 그래도 조심해야만
하지만요.

　현수교는 케이블에 달려 있는 '거더교*'
야. 이 거더교는 견고하면서 무게가 나가
기 때문에, 다리에 연결되어 있는 케이블
에 마치 바닥짐을 놓은 것처럼 무게를 실
어주지. 그래서 외력이 작용할 때 케이블
이 현수선 형태를 띠게 된단다. 좀 더 이
해를 돕기 위해, 교각의 수가 아주 많은

교각의 수가 많은 거더교

가라비 대교의 아치

금문교의 케이블

---

*거더교 : 수평으로 놓인 보를 수직으로 세운 기둥이 받치는 구조의 다리를 말한다. 앞에서 언급한
　　　　단순 보로 다리 잇기로 만든 다리라고 할 수 있다.

거더교가 하나 있다고 상상해 보자.

– 계곡에 이런 다리를 놓으면 주변
경관을 망치게 될 것 같은데요.

잘 말했어, 그렇단다. 그런데 아치

미요 대교(사장교)의 케이블

(가라비 대교의 아치)와 현수선(금문교의 케이블) 또는 사장교의 케이블
(미요 대교의 케이블)에 그 해법이 있단다. 거슬리고 만들기도 어려운 지
주를 이 장치들이 대신해 줄 수 있는 것이지.

– 알겠어요. 그럼 다시 금문교 이야기를 해 주세요.

자, 처음부터 차근차근 시작해 볼까. 최초의 현수교가 세워진 것은 19
세기 초로 거슬러 올라가는데, 넓은 강을 건너기 위해 개발되었지.

현수교는 다리 중에서 경간 거리가 가장 멀어서 다리의 중간 부분에 교
각을 세우지 않아도 되었고, 임시 홍예틀을 사용해야 하는 아치교에 비
해 건설하기도 훨씬 쉬웠단다. 일단 중앙의 주탑이 완성되면 여기에 케이
블을 설치하고 그런 다음 교량 바닥을 '매달기만 하면 되었단다'. 이런 형
태의 다리는 확실히 경제적이어서 그 덕분에 크게 성공할 수 있었어. 하
지만 상대적으로 유연하기 때문에 취약하다는 단점도 있었지. 프랑스 앙
제에 있는 바스-쉔 다리 경우처럼 말이야. 이 다리는 평상적인 보폭으로
행진하던 군부대 때문에 공명이 발생하여 1850년에 붕괴되었단다. 이 사
고로 226명의 사망자가 발생했다고 해. 사실, 신화와 같이 매우 아름다
운 다리로는 뉴욕 맨해튼의 이스트강 위를 지나는 브루클린 다리를 꼽을
수 있지. 이 다리는 현수교인 동시에 사장교이기도 해.

프랑스 앙제의 바스-쉔 다리

멘강을 가로지르는 이 다리는 1839년에 건설되었는데, 경간 거리가 102미터로 현수교로서는 비교적 소박한 규모의 다리이다. 실제로 당시 최고 기록을 기록했던 경간 거리 226미터의 스위스 프리부르 현수교와는 그 규모 면에서 크게 차이가 났다.

뉴욕의 브루클린 다리

1869년에 공사가 시작되어 1883년에 완공된 이 다리는 그 당시 두 개 도시로 나뉘었던 맨해튼과 브루클린을 이어주는 역할을 한다. 이 다리는 존 오거스터스 뢰블링이 설계했는데, 공사가 시작된 후 얼마 되지 않아 그가 사망하자 아들인 워싱턴 오거스터스 뢰블링이 아내인 에밀리 워렌 뢰블링의 도움을 받아 건설 작업을 지휘했다. 이 다리의 금속 교량 바닥의 총 길이는 1,030미터이며 다리의 가운데 부분에는 457미터 길이의 중앙 경간이 포함되어 있다. 이 교량 바닥은 현수선 케이블에 매달려 있기도 하지만 이와 함께 사장교의 비스듬한 케이블로 주탑 꼭대기에도 연결되어 지지를 받고 있다.

그리고 이 밖에도 여러 다리가 있지만, 당연히 금문교를 빠뜨리면 안 되겠지.

– 와, 드디어 금문교 차례가 되었네요!

그런데 현수교가 가진 이런 유연성 때문에 그 대가를 치르게 된 일도 있었단다. 미국 워싱턴주에 있는 타코마 해협 다리에서 발생했던 사고처럼 말이지. 오늘날에는 이 같은 문제점이 잘 보완되어 통제되고 있으니 그리 걱정하지 않아도 된단다. 그리고 현수교는 다리들 중에서 경간 거리가 가장 넓은 다리라고 할 수 있지.

– 현수교와 구름다리는 규모나 여러 가지 면에서 다른 점이 있지만 형태는 같네요. 현수교는 현수선 모양의 케이블에 매달려 있는 것이고, 넝쿨 식물로 만든 구름다리도 현수선 형태를 하고 있으니까요. 오늘날에도 넝쿨 식물로 만든 구름다리와 같은 다리가 존재하나요?

구름다리 같은 다리는 거의 없지만, 보행자만 지나다니는 용도로 쓰이는 육교 중에는 꽤 있단다. 특히 아주 우아한 자태를 뽐내는 푼트 다 수란순스 육교가 대표적이야. 이 다리는 스위스 그리종 지방에 있지.

– 제가 이해한 바에 따르면, 푼트 다 수란순스 육교는 화강암 덩어리를 바닥짐으로 삼은 덕에 무게가 무거워져서 넝쿨 식물로 만든 육교보다 훨씬 안정감이 있지요.

아주 정확하게 이야기했어.

– 이렇게 현수선 구조를 이용해서 다리를 만들 수 있는데, 그렇다면 이를 이용해서 건물도 지을 수 있을까요? 현수선 구조는 가벼워서 아주

미국 샌프란시스코의 금문교

1933년부터 1937년까지 건설된 이 다리는 엔지니어 조셉 스트라우스의 작품으로, 샌프란시스코만의 관문 역할을 하고 있다. 완공 당시 이 다리의 경간 거리는 1,280미터로 세계 최고 기록이었다. 이 기록은 1964년에 경간 거리 1,298미터의 뉴욕 베레자노 해협 다리가 완공될 때까지 깨지지 않았다. 다리 전체 길이가 약 2킬로미터에 달하는 금속 현수교인 금문교는 금속 트러스 보로 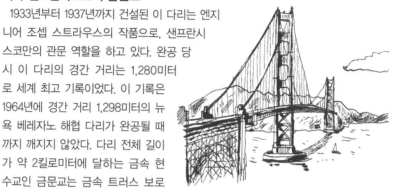 된 교량 바닥이 두 개의 거대한 케이블로 이루어진 수직 현수선을 통해 매달려 있다. 이 두 케이블은 230미터 높이의 두 주탑의 지지를 받고 있으며 양쪽 끝에서 고정 받침대에 고정되어 있다. 이 두 케이블은 자체 하중과 케이블이 지지하고 있는 부분의 하중 때문에 인장력을 받아서 현수선 형태를 띠고 있다. 케이블이 흡수한 하중 전체는 두 주탑으로 전달되어 고정 받침대로 이동하고 이후 마지막으로 지면에 있는 기초 부분에까지 이르게 된다.

미국 워싱턴의 타코마 해협 다리

타코마 해협을 가로지르는 첫 번째 다리. 1940년 7월 1일에 완공된 이 다리는 경간 거리 840미터의 현수교였다. 개통 넉 달 후인 1940년 11월 4일, 온화한 바람이 부는 가운데 다리의 바닥이 흔들리기 시작했다. 그 후 광풍이 몰아치면서 바닥이 급속도로 변형되더니 공명이 발생하였고, 처음 흔들리기 시작한 지 한 시간 만에 끊어지고 말았다. 이 다리는 자체 하중이나 다리를 사용하면서 발생한 하중 때문에 붕괴된 것이 아니라 설계 당시 바람의 작용을 제대로 계산에 넣지 않아서 무너진 것이다. 이 사건 이후, 가느다란 형태의 다리, 즉 교량 바닥의 두께가 길이에 비해 얇은 다리는 풍동시험과 같은 공기역학시험을 거쳐서 교량 바닥의 단면도를 검토하는 과정을 거친 후 건설했다. 이 불운의 다리를 대체하는 다리로서 각각 1950년과  2007년에 두 개의 다리가 이 해협에 건설되었다.

스위스 그리종 지방의 푼트 다 수란순스 다리

1999년에 엔지니어 유르그 콘제트가 설계한 경간 거리 40미터의 이 육교는 그리종 지방의 라인강 상류에 있는 산길을 이어 주고 있다. 현수선 구조를 하고 있는 이 다리는 스테인리스 스틸 판에 6센티미터 두께의 화강암 평판을 고정해서 만들었다. 이 화강암 평판에서 나오는 하중으로 현수선에 무게가 가해져 안정성이 갖춰졌다. 현수선의 양쪽 끝은 바위로 된 단단한 측벽에 고정되어 있다.

미국 버지니아주의 덜레스-워싱턴 공항

이 공항은 건축가 에로 사리넨과 암만&휘트니 엔지니어 사무소의 설계를 바탕으로 1958년에 공사를 시작하여 1962년에 완공되었다. 이 건물의 독창성은 중앙 터미널의 지붕에서 찾아볼 수 있다. 강철 케이블망에 의해 이 지붕은 외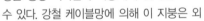관의 세로 방향 면 양쪽에 두 줄로 서 있는 기울어진 여러 기둥에 매달려 있다. 케이블들은 안정성을 갖추기 위해 하중을 받고 있다. 완공 당시 이 지붕은 대략 가로 70미터, 세로 200미터 넓이의 직사각형 모양의 공간을 커버했다. 이후 1996년에 이 터미널은 원래의 건축 설계 방향을 유지하면서 확장되었다.

포르투갈 리스본의 포르투갈 전시관

1998년 리스본에서 개최된 만국박람회를 기해 건설된 이 건물은 건축가 알바로 시자와 엔지니어 세가다에스 타바레스와 루이 R. 비에이라의 공동 작품이다. 건물의 외부 중앙 공간(50미터×65미터)은 두께 20센티미터의 콘크리트 판으로 덮여 있다. 현수선 형태를 하고 있는 이 콘크리트 판은 지붕 안에 들어 있는 케이블의 지지를 받는다. 이 케이블의 양끝은 15미터 높이의 프리스트레스트 콘크리트로 만든 거대한 주랑에 고정되어 있는데, 현수선을 고정시킴으로써 발생하는 수평 방향의 힘을 이 주랑에서 흡수한다. 콘크리트 판의 하중이 케이블에 무게를 실어 주고, 이로써 지붕은 바람에 대해 안정성을 지니게 되었다.

적은 재료만으로도 만들 수 있을 것 같아서 꽤 흥미로운데요.

물론이지! 옛날에 우리 조상들이 짐승의 가죽으로 은신처를 만들었던 것만 생각해 봐도 되지. 오른쪽 그림처럼 돌기둥 위에 가죽이나 나뭇잎으로 지붕을 얹은 이것도 현수선 형태의 지붕이었던 셈이니까!

– 재미있네요. 옛날 사람들은 현수선 아래로 몸을 피하기도 하고, 현수선 위로 걸어가서 골짜기를 건너기도 했군요? 하지만 강풍이 불면 날아가 버렸겠어요. 그래서 현수선에 돌을 얹어서 하중을 주어 바람에도 날아가지 않도록 한 것이지요?

그래. 그리고 오늘날에도 일부 현수선 형태의 지붕에서 이와 같은 방법이 사용되는 것을 볼 수 있지. 예를 들면, 미국 워싱턴 D. C. 근처에 있는 덜레스 공항의 중심 터미널이 그렇단다. 이보다 최근에는 리스본에 있는 만국박람회장 안의 포르투갈 전시관에서도 이 기술이 사용되었지.

– 말씀하신 건물들은 모두 매우 아름답지만 약간 의문스러운 점이 있어요. 지붕의 무게가 너무 가볍다고 지붕에 안정감을 주기 위해 지붕의 무게를 무겁게 만드는 게 정말로 좋은 해결 방법인가요?

실제로 이 방법이 최상의 해결책은 아니야. 이 부분은 나중에 다시 다루도록 하자.

— 지금까지 우리가 알게 된 다리 잇기 방법은 세 가지가 있어요. 보와 아치, 현수선을 이용하는 것이었지요. 그럼 이 방법들보다 장점이 많은 방법이 있다는 것인가요?

조금 막연한 질문이군. 우리가 배운 모든 방법은 각기 장점과 단점이 있단다. 이음보가 있는 아치와 보는 독립적이며, 수직 방향의 반작용 이외에는 어떤 외부 응력도 생기지 않아. 압력 받침대가 있는 아치와 현수선은 외부 응력이 있어야지만 안정성을 지닐 수 있거든. 보와 아치의 위쪽 골조는 압축력을 받아서 휘어질 위험이 있지만, 현수선의 경우에는 인장력의 작용을 받기 때문에 그럴 위험이 없지. 아치는 무거운 반면 현수선은 가볍고 말이야. 그리고 이런 세 가지 방식으로 건축하는 방법 역시 각각 다르단다. 아치를 세우려면 임시 지지 장치가 필요하지만 현수선의 경우에는 그렇지 않은 것처럼 말이야. 그러니까 이 방법들은 각자 적용 영역이 다르단다.

— 현수선은 가볍기 때문에 '안정성'을 갖추려면 무게가 필요하지요. 그렇다면 현수선의 가벼움은 장점이라고 할 수 없겠는데요.

너무 서두르지 말고 하나씩 공부하도록 하자꾸나. 다음 장에서 살펴볼 테지만, 현수선에 안정성을 강화할 수 있는 방법이 더 있기 때문에 현수선이 가볍다는 점은 여전히 장점으로 작용할 수 있단다.

— 그럼 다음 장을 향해서 출발!

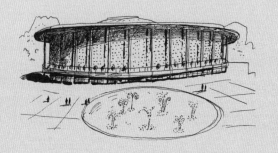

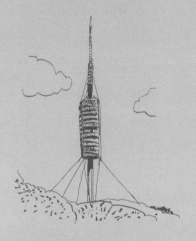

여러 가지 케이블 보에 관하여

이 부분에서는 서로 팽팽하게 당기는 케이블과
배의 돛대, 그리고 다시 한번 자전거의 휠에 대해서
알아볼 거야. 그럼 여행은 어디로 가냐고?
건축 여행은 프랑스와 벨기에, 스페인으로 떠날 거란다.
자, 함께 가 볼까?

다시 케이블 이야기부터 해 보자. 기본적으로 케이블 연결 방법에 대해 세 가지를 생각해 볼 수 있어. 가장 먼저 생각해 볼 만한 것은 케이블에 하중을 가해서 안정감을 주는 거야. 이보다 무게가 덜 나가는 또 다른 방법은 제2의 케이블을 사용해서 안정성을 주는 것이지. 이것보다 더 나은 방법이라면, 두 케이블이 같은 받침점을 공유하면서 서로 팽팽하게 당기도록 하는 것이란다.

케이블에 하중을 주기

제2의 케이블 이용하기

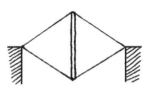

두 케이블을 팽팽하게 연결하기

– 음, 그런 방법도 있네요. 그런데 무엇 때문에 이렇게 하는 건가요?

여러 가지 이유가 있지. 이렇게 함으로써 케이블이 보의 역할도 할 수 있고, 기둥이 휘어지지 않도록 보강하는 역할을 할 수도 있으며, 지붕 역할을 할 수도 있기 때문이란다.

– 그럼 이 새로운 방법에 대한 탐험을 본격적으로 시작해 볼까요?

좋아! 우선, 케이블 보를 살펴보는 것부터 시작해 보자. 긴 막대로 두 케이블의 양쪽 끝을 고정시켜 주고, 이와 직각으

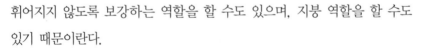

로 교차하는 작은 막대들로 두 케이블이 만나지 않도록 벌려 줘. 이때 케이블은 팽팽하게 유지해야 해. 이렇게 하면 서로 반대 방향에서 대응하

는 현수선 두 개가 생긴단다. 대응하는 두 현수선 덕분에 이 보는 두 가지 방향에서 '기능'을 발휘할 수 있는 거야. 따라서 아래쪽 방향으로 외력이 작용하면 아래쪽 현수선에 더 많은 인장력이 가해지고, 이와 반대로 위쪽 방향으로 외력이 작용하면 위쪽 현수선에 더 많은 인장력이 가해지는 구조이지.

— 좋은 방법인데요!

그런데 이 모든 것이 제대로 작동하려면 케이블이 사전에 팽팽하게 당겨져 있어야 해. 그렇지 않으면 응력을 만드는 데 필요한 이동거리가 너무 멀어져. 이 부분에 대한 이해를 돕기 위해, 서커스를 구경하러 가서 곡예사의 모습을 관찰해 보자.

첫 번째는 기둥을 잡고 있는 두 보조자가 조금 피곤했는지 수평 방향의 응력은 전혀 가하지 않은 채 기둥을 수직 방향으로 간신히 잡고만 있는 경우야. 이때는 따라서 곡예사가 케이블 위에 오르기 전까지 케이블에는 어떤 응력도 작용하지 않지. 그런데 곡예사가 케이블 위에 올라서

기둥을 약하게 잡고 있는 경우

면 두 보조자는 기둥이 흔들리지 않도록 기둥을 다시 단단히 붙잡아야 해. 이때 곡예사의 하중을 받은 케이블이 변형됨으로써 케이블에 인장력이 가해지기 시작하여 마침내 케이블의 반작용이 곡예사의 하중과 평형을 이루게 되는 것이지. 이 경우에는 평형을 이룰 때까지 케이블이 크게

기둥을 힘차게 잡고 있는 경우

변형된단다.

두 번째는 두 보조자가 기운이 넘쳐서 기둥 꼭대기를 힘차게 잡아 당겨서 케이블을 팽팽하게 유지한 경우야. 이때는 곡예사가 오기 전에 이미 상당한 인장 응력이 케이블에 가해져 있어. 따라서 이 경우 케이블이 아주 약간만 굴절되기 때문에 케이블의 반작용이 곡예사의 하중과 평형을 이룰 수 있단다.

프랑스 파리의 시트로앵 공원의 온실

공장에서 공원으로 바뀐 파리의 시트로앵 공원 내에 1993년에 건설된 8개의 온실이다. 건축가 파트리크 베르제, 장-프랑수아 조드리, 장-폴 비기에와 RFR 엔지니어 사무소의 공동 작품이다. 가장 큰 온실 두 채의 벽면은 지붕의 둘레를 이루는 보에 달려 있는 패널 전체가 유리 '판'으로 이루어져 있다. 이 유리판은 수평과 수직 방향으로 설치된 케이블 보 덕분에 바람의 작용에 견디며 지탱하고 있다. 케이블 보를 이용한 덕분에 자재를 거의 사용하지 않아서 온실의 벽면이 완벽할 정도로 투명한 상태를 갖출 수 있게 되었다. 이 두 채 외에도 공원 안에는 규모가 작은 온실 6채가 더 있는데, 이들 모두 구조적인 관점에서 흥미로운 건축물이다.

– 이제 확실히 알겠어요. 그런데 한 가지 마음에 걸리는 부분이 있어요. 앞에서 언급했던 케이블 보에 관한 질문인데요. 만약 두 케이블이 아주 팽팽하게 당겨진다면 케이블의 양쪽 끝을 고정하는 세로 방향의 막대가 강하게 압축될 텐데. 그러면 휘어질 위험이 있지 않나요?

아주 정확한 지적이야. 그런데 막대가 휘어지면 어떤 일이 벌어질까? 막대가 휘기 시작해서 오른쪽 방향으로 움직인다고 가정해 보자. 이렇게 되면 오른쪽 케이블에서 변위가 생기고 응력이 증가해. 이에 따라 막대를 원래의 위치로 되돌려 보내는 '복원 응력'이 만들어지지.

복원 응력

– 그러니까 활의 시위를 당기는 것과 조금 비슷한 것 같아요.

바로 그렇단다.

– 이뿐만 아니라 배의 돛대와도 닮았어요. 그렇죠?

맞아. 배의 돛대는 돛에 인장력이 가해짐으로써 압축력을 받아. 그런데 돛대는 무게가 가벼워야 하기 때문에 최대한 가늘게 만들지만, 비스듬히 기울어진 케이블이라고 불리는 측면 케이블 덕분에 휘어질 위험은 사라지지. 물론 이 책의 종이 위 평면에서 설명할 경우에는 케이블이 두 개만 있으면 충분해. 하지만 우리가 살고 있는 3차원 세계에서는 케이블이 적어도 세 개가 필요하단다.

**2차원에서의
배의 돛과 케이블**

**3차원에서의
배의 돛과 케이블**

– 이 부분은 잘 이해되었어요. 그럼 다시 케이블 보 이야기로 돌아가서, 케이블 보의 역할에 대해 좀 더 알려주시겠어요?

케이블 보의 장점은 우아하고 굵기가 가늘다는 점이야. 따라서 케이블 보를 설치하면 경관을 크게 해치지 않지. 그래서 앞에서 몇몇 사례를 통해 알게 되었듯이, 산들바람이 살갗을 간질이는 것과는 그야말로 차원이 다른 강한 바람이 작용함으로써 외력을 받는 커다란 유리 외관을 지탱하는 데에 많이 사용된단다. 이를 잘 보여주는 예가 바로 파리에 있는 시트로앵 공원의 온실이야. 또, 바르셀로나에 있는 콜세롤라 타워 역시 거대한 케이블 보를 수직으로 설치한 좋은 사례지. 첨단을 걷는 것은 우아한 일이지만 불안정할 수도 있어. 따라서 타워의 전체적 안정성을 위해 반드

스페인 바르셀로나 콜세롤라 타워

전체 높이 288미터의 이 탑은 1992년 바르셀로나 올림픽 때 건설된 것이다. 노먼 포스터&파트너스 건축사무소와 오브 아럽&파트너스 엔지니어 사무소의 협업으로 세워졌다. 이 건축물은 직경 4.5미터의 콘크리트 튜브 형태의 중앙 지주와 상판 13개로 이루어져 있다. 12개의 상판에는 통신 장비가 설치되어 있으며, 13번째 최고층에는 도시 전경을 감상할 수 있는 전망대가 있다. 이 상판의 평면은 정삼각형 모양인데, 공기역학적인 이유로 각 변의 가운데 부분이 볼록하게 되어 있다. 이렇게 삼각형 형태를 하고 있는 것을 보면 우리가 3차원 세계에 살고 있음을 새삼 확인할 수 있다. 건축물의 바닥 부분에서는 케이블을 벌려서 바닥에서 탑을 지탱해 주고 있다.

시 보완하는 케이블을 설치해야 한단다. 마지막 사례로 소개할 것은 앞선 두 가지보다 좀 더 오래된 건축물이지만, 케이블 보를 3차원 공간으로 옮겨서 생각할 수 있게끔 해줄 거야!

– 3차원이라니 멋져요!

바로 1958년에 개최된 브뤼셀 만국박람회 전시장에 있는 미국 전시관의 원형 지붕 이야기란다. 이 지붕의 구조는 서로 팽팽하게 끌어당기고 있는 두 케이블의 원리를 바탕으로 하고 있지. 이 원리의 구조적 기능에 대한 이해를 돕기 위해, 이 두 케이블

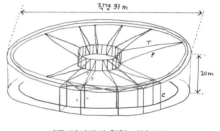

미국 전시관의 원형 지붕 구조

을 수직축(A)을 중심으로 전체적으로 회전시켜서 여러 개를 만들어 보면

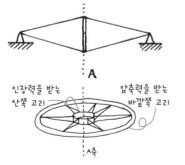

왼쪽의 그림과 같아. 이렇게 하면 수평으로 평행하게 놓은 일종의 자전거 바퀴와 같은 모양을 얻을 수 있단다.

– 바깥쪽 고리는 압축력을 받고, 가운데 고리는 인장력을 받는군요. 이것을 보니 돔에 대해서 배웠던 것 몇 가지가 떠

올라요. 하지만 그때와는 정반대이죠? 아, 그래요. 로마의 성베드로 대성당 돔의 하단에 있는 고리는 인장력을 받는 반면, 판테온 신전의 궁륭 꼭대기에 있는 천창은 압축력을 받지요.

정확히 말했어. 압축력을 받는 돔은 바깥쪽
으로 밀어내기 때문에 돔 하단의 고리에는 인
장력이 작용한단다. 그리고 돔이 받는 압축력
이 중앙으로 모이면서 가운데 고리에 압축력이 가해지지. 그런데 여기서
는 이와는 반대 현상이 일어나. 케이블이 안쪽으로 끌어당겨지기 때문에
바깥쪽 고리가 압축력을 받는 것이지. 그리고
케이블에 작용하는 인장력 때문에 케이블은
중앙에서 멀어지게 되어 가운데 고리에는 인

벨기에 브뤼셀의 미국 전시관

  1958년 브뤼셀 만국박람회 때 건설된 이 건물은 건축가 에드워드 D. 스톤과 엔지니
어 W. 코르넬리우스의 작품이다. 안타깝게도 박람회 이후 많은 부분이 파손되었다. 건
물의 지붕은 직경 약 97미터의 바깥쪽 고리와 안쪽 고리로 이루어져 있다. 아래쪽 케
이블(받침 케이블)과 위쪽 케이블(아래쪽 케이블을 당겨주는 조임 케이블)로 구성된 2
층 케이블이 안쪽과 바깥쪽 고리를 서로 이어주고 있다. 중앙 방향으로 가해지는 인
장력의 작용으로 바깥쪽 고리는 압축력을 받는다. 바깥 방향으로 가해지는 인장력의
작용으로 원형의 중앙 부분은 인장력을 받는다. 이 '바퀴' 모양의 지붕은 20여 미터
높이의 기둥(161쪽 구조 그림의 C) 36쌍 위에 바깥쪽 고리가 지지를 받게끔 놓여 있
다. 이 구조물의 무게가 워낙 가벼
운 덕분에, 직경이 90미터
가 넘는 원형 공간이지
만 원의 둘레를 따라서
지지를 받는 것만으로도
지붕이 지탱된다.

장력이 가해진단다.

– 그러니까 전부 다 거꾸로 되는 것이군요?

그렇지. 심지어 형태도 반대가 되어 버려! 돔에서는 오목한 부분이 위쪽에 있으면서 아래쪽을 바라보며 열려 있지만, '받침 역할을 하는' 케이블에서는 오목한 부분이 아래쪽에 있으면서 위쪽을 바라보게 열려 있는 거지.

– 이 부분에서도 뭔가 생각이 나는 것이 있어요. 아, 맞아요, 가우디와 거울 이야기!

그런데 아치와 현수선이 함께 사용될 때 이 둘 사이의 차이점이 서로에게 보완적인 기능을 할 수 있단다. 파리의 센강 위를 가로지르는 시몬 드 보부아르 육교처럼 말이야.

프랑스 파리의 시몬 드 보부아르 육교

2004년부터 2006년까지 건설된 이 육교는 파리의 센강 위에 놓여 있는데, 프랑수아–미테랑 도서관과 같은 높이에 있다. 디에트마르 페쉬팅어 건축사무소와 RFR 엔지니어 사무소의 공동 작업으로 완성한 이 예술작품의 철강 구조를 보면, 경간 거리 190미터에 아치와 현수선이 서로 교차한 '렌즈' 모양이다. 아치와 현수선이 이렇게 결합한 모습은 이 두 구조가 구조적으로 서로 협력하고 평형을 이루는 것을 보여준다. 이렇듯 힘의 결합뿐만 아니라 형태의 결합을 만들어낸 덕에, 사람들은 여러 가지 경로 중에서 하나를 선택하여 강을 건널 수 있는 즐거움을 얻었다.

  − 굉장해요! 이제 케이블 구조에 대한 이야기로 다시 돌아갈게요. 케이블 구조는 재료 소모가 거의 없고, 구름처럼 가볍지요? 그래서 이것을 이용해서 커다란 유리로 된 외관과 우아한 육교, 원형 건물 지붕, 웅장한 타워까지 만들 수 있는 것이고요! 멋진걸요!

  그리고 이것으로 그치는 것이 아니라 더 확장될 수 있단다. 서로 팽팽하게 당기는 케이블이라고 하는 '개념'은 섬유 건축의 세계로 우리를 인도해 주지. 그런데 이 혁신적인 분야를 탐험하러 가기 전에, 여러 형태의 다리 잇기 방법을 또 다르게 결합한 경우, 즉, 보와 현수선이 결합된 경우에 대해 몇 가지 짚고 넘어가도록 할게.

  − 좋아요, 또 다른 이야기가 시작되는군요!

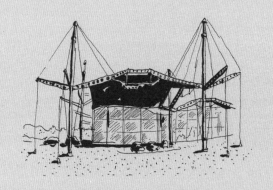

제 **11** 장

미리 반대로 당겨 놓은 보에서
프리스트레스트 콘크리트까지

자, 지금까지 건축물의 구조에 필요한 여러 가지 원리를
살펴보았어. 이 장에서는 이미 우리가 얘기한 보와
현수선을 창의적인 방식으로 결합하는 것에 대해
알아볼 거야. 그런 다음, 역시 현장에서 확인해 봐야겠지?
그래서 미국의 버지니아주를 거쳐서 레섬으로 가서
건축물들을 살펴보자꾸나!

그럼 먼저 보와 현수선의 아름다운 결합에 대한 이야기부터 해 줄게. 이 둘이 결합하면 보의 무게로 현수선에 안정성이 더해지며, 현수선의 장력으로 인해 보의 하중이 줄어드는 효과가 있어. 이런 결합 방법을 바탕으로 먼저 미리 반대로 당겨 높은 보가 탄생했는데 우아하지만 제한적으로 사용된다는 한계가 있어. 그 후 1929년 말의 어느 화창한 날, 프랑스의 유진 프레시네는 프리스트레스트 콘크리트를 세상에 내놓았지.

— 역시 옛날이야기는 재미있어요! 그래도 너무 빨리 진도를 나가지는 마세요. 한꺼번에 많은 사람이 등장하면 정리가 잘되지 않거든요!

그러자꾸나! 우선 '미리 반대로 당겨 놓은 보'라고 하는 이 새로운 보는 무엇일까? 아래로 당겨진 보의 원리는 다음과 같아. 위에서 아래로 외력을 받는 보가 하나 있다고 생각해 보자. 여기에 수직 방향의 자재('지주')를 하나 덧붙인 다음, 보의 양쪽 끝에 케이블을 연결시켜. 이때 케이블이

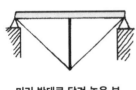

미리 반대로 당겨 높은 보

가운데에 붙인 지주의 끝을 지나도록 해 보자. 이렇게 하면 케이블에 작용하는 장력이 이 지주를 압축하고, 압축된 지주가 아래에서 위로 보에 외력을 가하

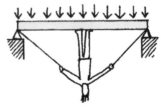

여 보가 휘어지지 않도록 도와주게 되지. 이해를 돕기 위해, 살짝 곡예를 해 볼까? 어때? 불편하긴 하지만 그래도 이해를 돕는 데는 효과적이지! 그림에서 보듯이 내가 양팔로 줄을 잡아당기면 발과

다리는 보를 위쪽으로(아래에서 위로) 밀게 해 준단다.

－발로 보에 응력을 가해서 보의 하중이 줄어드는 것이군요.

그렇지. 이런 종류의 보가 있으면 아주 재미있고 창의적인 구조를 만들 수가 있단다. 미국 버지니아 주에 있는 린치버그 다리처럼 말이야. 이와 같은 보의 구조적 기능은 이해하기가 쉬워. 일단 처음에는 교량 바닥이 7개의 중간 기둥의 지지를 받고 있다고 상상해 봐. 자, 이제 이 기둥들을 차례차례 없애볼게. 먼저 C로 표시한 기둥들을 없앤 다음, 이 기둥들에 실렸던 하중을 케이블을 통해 옆에 있는 기둥으로 옮겨. 그런 다음 같은 방식으로 B 기둥들을 없애고, 마지막으로 하나 남아 있던 A기둥도 제거하면, 우리가 원하는 다리를 얻게 되는 거지. 이런 유형의 다리는 이것

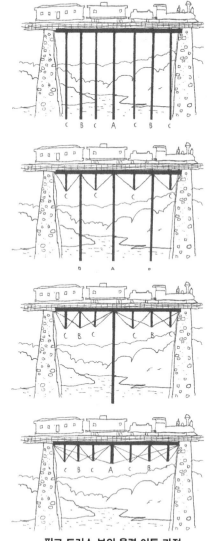

핑크 트러스 보의 응력 이동 과정 (미국 린치버그시 근교 다리)

을 발명한 사람의 이름을 따서 '핑크 트러스'교라고 부른단다. 그런데 조금 전에 살펴보았듯이, 사실 이 다리는 트러스를 사용한 것이 아니라 미

영국의 르노 유통 센터

　1984년에 영국 스윈던에 건설된 이 유통 센터는 노먼 포스터&파트너 사무소와 오브 아럽&파트너 엔지니어 사무소의 작품이다. 이 건물의 모든 부분이 하나의 지붕으로 덮여 있는데, 이 지붕은 실질적으로 한 변의 길이가 24미터로 동일한 정사각형 모양의 모듈 42개로 이루어져 있다. 각 모듈의 지붕 구조는 미리 반대로 당겨 놓은 보를 이용해서 16미터 높이의 기둥 꼭대기에 고정된 현수선으로 만들어졌다. 일종의 케이블 지붕인 것이다. 모듈이 모두 같기 때문에, 케이블과 하중이 대칭을 이루어서 건물 가장자리에 있는 기둥들을 제외한 모든 기둥이 평형 상태를 유지한다. 한편, 건물 가장자리에 설치된 기둥들은 대칭을 이루지 않기 때문에 수직 케이블을 통해서 땅속에 고정되어 있다. 그리고 휨을 방지하기 위해 기둥에는 케이블이 장착되어 있다.

리 반대로 당겨 높은 보를 재치 있게 결합한 것이란다.

　– 아주 놀라운데요!

　그렇지? 그런데 보와 현수선의 결합을 보여주는 더욱 멋진 사례가 바로 영국에 있는 르노 유통 센터란다.

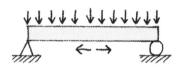

보에 작용하는 외력과 인장력

　– 그런데 프리스트레스트 콘크리트는 무엇인가요?

　건축 역사상 두말할 나위 없이 아름다운 발명품이야! 앞에서 보았듯이, 보가 위에서 아래로 외력을 받으면 보의 아래쪽 섬유에 인장력이 발생하지. 콘크리트 보의 경우, 콘크리트가 인장력에 대한 내력이 약하기 때문에 이를 보강할 첫 번째 방법이 바로 콘크리트 안에 철근을 넣는 것이었어. 그런데 프리스트레스트 콘크리트는 다음 두 가지 방식으로, 콘크리트 보가 지녔던 문제를 근본적으로 해결했단다.

- 보의 하중을 줄이기.
- 인장력에 대한 보의 내력을 향상시키기.

　그리고 이 모든 것이 콘크리트에 현수선을 결합하는 것으로 얻어지는 것이었단다.

당겨지지 않은 케이블

당겨져 수평을 유지하는 케이블

– 좀 더 자세히 살펴보면 좋겠어요.

당겨지지 않은 케이블, 즉 '부동 상태의 현수선'이 하나 있다고 생각해 보자. 그런데 이 케이블을 당기면 케이블은 수평 상태가 되지.

– 재미있는데요! 하지만 그래도 아직은 잘 모르겠어요.

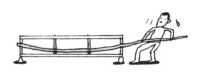

자, 그럼 튜브(튜브는 보와 같음)를 하나 준비한 다음, 이 튜브의 양쪽 끝과 튜브 중간의 두 지점에 왼쪽 그림에서처럼 수직이 되게 '칸막이벽'을 설치해 보자. 이런 '칸막이벽'은 격벽이라고 불러. 그런 다음, 양쪽 끝에 있는 칸막이벽은 윗부분에, 그리고 중간에 있는 칸막이벽에는 아랫부분에 구멍을 뚫어. 보 안에 케이블을 넣고 이 케이블을 격벽에 통과시킨 다음, 보의 한쪽 끝부분에 이 케이블을 고정시켜. 그런 다음, 고정시키지 않은 반대편 끝쪽에서 케이블을 잡

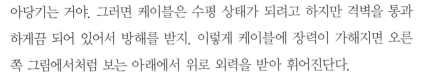

아당기는 거야. 그러면 케이블은 수평 상태가 되려고 하지만 격벽을 통과하게끔 되어 있어서 방해를 받지. 이렇게 케이블에 장력이 가해지면 오른쪽 그림에서처럼 보는 아래에서 위로 외력을 받아 휘어진단다.

이때 케이블을 최대한 당긴 다음, 보 밖으로 나오는 끝 부분에 케이블을 고정시켜 놓아. 이렇게 하면 압축 응력을 받은 보가 위쪽에서 외력을 받게 되는 것이지. 그리고 이 외

프리스트레스트 콘크리트

력에 의해 보는 수평 상태를 유지할 수 있게 되는 거야. 이것이 바로 프리스트레스트 콘크리트란다.

프리스트레스트 콘크리트의 효과를 정리해 보자.

1. 보의 양쪽 끝에 케이블을 고정함으로써 발생하는 힘이 보를 압축한다. 이렇게 보에 압축 응력을 가하거나 '프리스트레스트'하면, 나중에 보에 하중이 가해졌을 때 보의 아래쪽 섬유에 생기는 인장력에 대해 저항력이 생긴다.

프랑스 샤랑트마리팀주에 있는 레섬의 육교

1988년에 대서양 연안에 세워진 이 육교는 총 길이 2천927미터로, 레섬과 대륙을 잇는 다리다. 모두 29개의 경간이 있으며, 경간 거리는 37.5미터에서 110미터까지 다양하다. 이 다리는 프리스트레스트 콘크리트로 건설된 다리의 대표적인 사례로 꼽힌다. 교량 바닥의 단면은 격자로 되어 있는데, 그 높이는 부분별로 다르다. 받침점에서는 높이가 높고, 경간 한가운데에서는 높이가 낮다. 교량 바닥은 미리 제작된 재료를 잘 설치해서 돌출부가 만들어지도록 했다. 즉, 각 교각의 축에서부터 교량 바닥을 건설하기 시작하여 동시에 양쪽으로 공사를 진행시켜 나갔다. 그러면 각각의 교량 바닥은 서로 끝과 끝을 맞대고 만나게 되어, 각 경간의 중앙 부분에서 서로 다시 연결된다.

2. 격벽 안에서 케이블이 굴절됨에 따라 생기는 힘 때문에 보가 아래에서 위로 외력을 받아서 보가 받는 하중이 줄어드는 효과가 생긴다. 그런데 보에 외부로부터 하중이 가해지지 않으면, 케이블로 인해 생긴 내부 응력 때문에 보는 위쪽 방향으로 변형되어 휘게 된다.

– 두 가지 효과라는 것이 바로 이것이군요!

그래. 오늘날에는 수많은 다리와 평판, 건물의 보를 프리스트레스트 콘크리트로 만든단다.

– 그런데 왜 프리스트레스트 콘크리트라는 이름이 붙었나요?

왜냐하면 외부로부터 받는 외력에 의해 하중이 가해지기 이전에(pre), 케이블 하나 또는 여러 개에 의해 응력, 다시 말해 외력이 가해졌기(stressed) 때문이란다. 프리스트레스트 콘크리트 덕분에 다리의 경간이 넓어질 수 있으므로 대형 교량과 육교를 건설할 때 기본적으로 많이 사용되지. 그 대표적인 예가 바로 프랑스의 대서양 연안에서 라로셸과 레섬을 이어주는 육교란다.

– 훌륭한 작품이네요! 그럼 이제 구조의 세계라고 하는 우주 안에 들어 있는 섬유 건축이라는 이름의 성운 이야기를 다시 해 보면 어떨까요?

워워, 잠깐 인내심을 갖도록, 너무 서두르면 체하는 법! 이 새로운 여행을 떠나기에 앞서서, 지금 우리가 머물고 있는 케이블 구조라는 성운 안의 정류장 한 곳에서 더 정차한 다음 가도록 하자꾸나.

제 12 장

케이블 구조에서 섬유 건축으로

이제 어느 덧 여행을 마무리할 때가 되었구나!
이번 장에서는 말안장과 직물로 만든 간이의자를 가지고
구조를 살펴볼 거야. 그런 다음 또 이를 확인하기 위해
독일과 사우디아라비아, 미국을 여행한 다음,
마지막으로 브뤼셀에 있는 어느 지하철역에서
여행을 마무리할 예정이란다.

지금은 사라지고 없지만, 1958년 브뤼셀 만국박람회 때 지어진 미국 전
시관의 지붕 이야기를 다시 한번 해 줄게. 이 지붕은
V자형 케이블로 구성되어 있었는데, 한편에서는 V자
를 위쪽으로 향하게 하고 다른 편에서는 아래쪽으로
향하게 했어. 이번에는 이 원리를 현수선 형태의 케
이블에 적용해서, 일부는 현수선의 오목한 부분이 위
쪽으로 열려 있도록 하고 다른 일부는 아래쪽을 향

하도록 설치했지. 그런 다음 양쪽의 케이블들을 고정시켜서 이들이 서로
끌어당길 수 있게 했지. 그런데 이 케이블이 서로 같은 평면 위에 있다면
이렇게 만드는 것은 불가능할 거야. 따라서 3차원 공간으로 들어가서 케

이블을 수직 평
면에서 서로 교차
시켜야 해. 이렇
게 하면 '말안장'
형태를 얻을 수
있지. 이 형태는

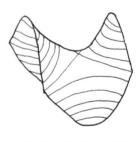

말안장 형태의 쌍곡 포물면

포물선 수직망 두 개를 3차원으로 결합한 것이란다. 전문용어를 빌리자
면, **'쌍곡 포물면*'(PH)**이라고 해.

   — 지금까지는 설명하신 것을 따라올 수 있었는데요, 그래도 예를 들어
주신다면 이해하는 데 크게 도움이 될 것 같아요.

*쌍곡 포물면 : 수평으로 절단하면 그 단면이 쌍곡선이 되는 구조. 말안장 모양.

자, 그럼 한 가지 예를 소개할게. 브뤼셀 자유 대학교에 있는 폴-에밀 장송 강당이 좋은 예란다. 이 건물의 지붕이 바로 PH 쌍곡 포물면 형태의 케이블 지붕이거든.

폴-에밀 장송 강당의 지붕 구조

– 인상적인 건물이네요! 그래도 전체적인 형태는 상당히 단순하군요.

정확한 지적이야. 그런데 이 건물이 설계되고 기획되었던 당시에는 아직 컴퓨터가 보급되지 않았어. 지붕 설계를 계산하는 방식이 매우 제한적일

브뤼셀 자유대학교의 폴-에밀 장송 강당

1958년 브뤼셀 만국박람회 때 지어진 이 건축물은 엔지니어 폴 뫼네르와 건축가 마르셀 반 괴뎀의 공동 작품이다. 이 강당은 1953년 엔지니어 프레드 N. 세버러드가 미국에서 건설한 최초의 케이블 지붕 건물인 롤리 아레나에서 영감을 받은 것이 분명하다. 지붕은 케이블 지붕으로 덮여 있는데, 받침 역할을 하는 케이블은 오목한 부분이 아래쪽에 있으면서 위쪽을 향해 열려 있고, 아래로 당기는 역할을 하는 케이블은 오목한 부분이 위쪽에 있으면서 아래쪽을 향해 열려 있다. 지붕은 철근 콘크리트로 만들어진 두 개의 아치가 그 가장자리를 이루고 있는데, 이 아치 안에서 두 종류의 케이블이 서로 맞물려서 끌어당긴 채 고정되어 있다. 이러한 구조로 덮여 있는 표면은 단축의 길이 40미터, 장축의 길이 48미터인 타원에 가까운 모양이다. 아치의 하단에 작용하는 수평 방향의 압력은 철근 콘크리트로 만든 강력한 받침대 두 개가 흡수하며, 이 두 받침대는 땅속에 매립되어 있는 프리스트레스트 콘크리트로 만든 이음보로 연결되어 있다. 철근 콘크리트로 만든 아치의 자체 하중은 건물 외관에 있는 가느다란 금속 기둥들이 흡수한다.

**독일 뮌헨의
올림피아 파크**

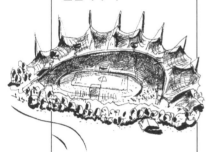

1972년 뮌헨 올림픽을 기해 건설된 이 케이블 구조물은 베니슈&파트너 건축사무소와 엔지니어 프라이 오토, 레온하르트&안드레 연구소가 공동 작업을 통해 이루어낸 결실이다. 1천400 제곱미터 면적의 이 복합 구조물은 주경기장 외에도 체조경기장과 수영장도 덮고 있다. 이 지붕은 받침 역할과 조임 역할을 하는 케이블망으로 이루어져 있고, 그 위로 반투명 플라스틱 패널들이 고정되어 있다. 가벼운 무게의 자재를 사용한 이 구조물은 섬유 건축 시대에 대한 예고편과 같다.

수밖에 없었지. 그래서 지붕의 형태가 상대적으로 단순하게 만들어졌던 거야. 이보다 복잡한 지붕의 설계를 계산하는 것은 당시로는 불가능했기 때문이지.

그 이후 정보통신 기술의 발달로 건축계에도 새로운 지평이 열렸단다. 덕분에 새롭고 야심찬 건축물이 등장하게 되었는데, 뮌헨 올림픽 때 건설된 올림피아 파크가 그 대표적인 예지. 그런데 바람의 작용을 받게 되자 케이블이 변형되어 서로 움직이게 되었고, 이로 인해 지붕 부분을 연결하는 접합부에서 문제가 생겨 결국 물이 새는 문제가 생겼어. 이에 대한 해법은 받침대 역할을 하는 부분과 지붕처럼 밑에서 받쳐지는 부분을 하나로 만드는 것이야. 이리하여 직물이 구조 역할과 동시에 지붕 역할을 하는 섬유 건축이 탄생하게 되었단다!

— 드디어 섬유 건축의 세계로 들어가게 되는군요!

섬유 건축 분야의 괄목할 만한 건축물로

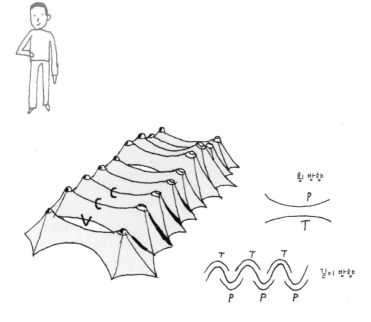

는 다음 두 가지를 꼽을 수 있단다. 사우디아라비아의 제다 공항의 하즈 터미널과 미국 콜로라도주 덴버 공항에 있는 젭슨 터미널의 지붕이야. 젭슨 터미널의 경우, 받침 역할을 하는 부분(P)과 끌어당겨서 조이는 역할을 하는 부분(T)이 수직으로 잘 구별되어 있어. 이 지붕을 종단면으로 살펴보면, 능선(C)과 계곡(V)이 번갈아가며 이어져 있는 것을 알 수 있단다.

자, 이제 이번 건축 여행의 종착역으로 브뤼셀에 있는 에라스무스 지하철역으로 가 보자. 에라스무스 역은 이 장을 시작할 때 언급했던 말안장 형태를 잘 보여주는 구조를 하고 있어. 지붕을 덮고 있는 직물의 장력은 능선과 계곡을 연속적으로 배치함으로써 얻어지는데, 덴버 공항의 경우와 마찬가지로, 양쪽 능선 사이에 있는 직물에 장력이 가해지면서 계곡이 생기지. 이 지하철역에서는 건물 외관의 측면에 설치된 수직 케이블에 의해 장력이 가해져. 에라스무스 역의 능선은 T자형 지지대의 지지를 받아 만

에라스무스 역의 외관 구조

사우디아라비아의 제다 공항의 하즈 터미널

메카 성지로 떠나는 순례자들을 유치할 목적으로 1981년에 건설된 이 터미널은 섬유 건축 구조를 잘 보여주는 가장 아름답고 규모가 큰 사례 중 하나이다. 이 건축물은 스키드모어, 오윙스&메릴 건축가 및 엔지니어 사무소와 엔지니어 홀스트 버저가 설계한 것이다. 이 작품의 독창성은 지상 20미터에 설치되어 있는 한 변의 길이 45미터인 정사각형 모양 모듈 210개(이로써 전체 지붕 면적은 42만 5천 제곱미터가 넘는다.)로 구성되어 있는 섬유 지붕에서 찾아볼 수 있다. 이 부분을 모두 합한 지붕의 전체 면적은 42만 5천 제곱미터가 넘는데, 각 모듈의 덮개는 테플론으로 코팅된 유리 섬유로 만든 직물을 모듈의 네 모퉁이에 있는 기둥에 고정된 케이블로 당겨서 만들었다. 참고로 이 같은 시스템을 사용하면 중심 지주를 세워야 할 필요가 없다.

미국 콜로라도주의 덴버 공항의 젭슨 터미널

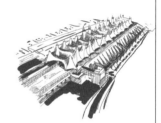

젭슨 터미널의 지붕은 펜트레스 브래드번 합동 건축 사무소와 홀스트 버저 합동 엔지니어 사무소가 공동으로 작업한 것이다. 제다 공항의 경우와 마찬가지로, 이 터미널 지붕 역시 섬유 건축의 가장 아름다운 사례로 꼽힌다. 세로의 길이 300미터 이상의 이 지붕은 텐트를 단순히 연속해서 배치한 것과 비슷해 보인다. 유리 섬유와 테플론으로 만든 텐트의 직물은 두 줄로 서 있는 46미터 높이의 내부 기둥(텐트의 꼭대기)이 한쪽에서 당기고, 인접한 건물의 지붕에 고정된 이음보가 다른 쪽에서 당기게 되어 있다.

브뤼셀의 에라스무스 지하철역

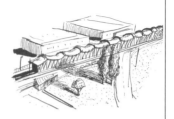

2003년에 개통된 이 역은 뛰어난 섬유 건축 작품으로서, 필립 새민&파트너 건축가 및 엔지니어 사무소에서 세테스코 엔지니어 사무소와 마리케 몰레트 브뤼셀 브리예 대학교 교수의 공동 작업으로 탄생한 결과물이다. 168미터 길이의 이 역은 한 변의 길이 15.3미터인 정사각형 모양 모듈로 나뉘어 있다. 각 모듈은 테플론으로 코팅된 유리 섬유 직물로 만든 막으로 덮여 있다. 이 막은 수평 부분이 아치 형태인 T자형 지지대 두 개의 지지를 받고 있으며, 이와 동시에 건물 외관의 측면에 있는 케이블이 이 막을 당기고 있다.

들어졌는데, T자의 위쪽 부분은 아치 형태로 살짝 구부러져 있단다. 반면, 덴버 공항 지붕의 경우, 능선은 직물을 들어 올리고 있는 버팀대에 의해 만들어진 것이지.

 – 이제 어느 정도 확실히 이해하게는 되었지만, 그래도 상당히 어렵네요! 구조를 찾아 떠났던 여행을 마무리 지으니 좀 쉬고 싶은 생각이 굴뚝 같아요! 아, 여기 간이의자가 하나 있네요. 그런데 이 의자도 일종의 섬유 건축물이군요. 그 위에 앉으면 하중이 가해져서 안정감도 생기는 건축물 말이지요!

 구조의 세계로 떠나는 이 여행의 출발점에 삼발이 의자가 있었는데, 여행을 끝내는 지금은 간이의자로 마무리하게 되는군. 우리한테는 휴식을 취할 자격이 충분히 있으니, 잠시 의자에 앉아서 쉬도록 할까? 그런 다음 현장으로 직접 가서 여러 예술 작품과 건축물을 새롭고 신선한 시선으로 재발견해 보자꾸나! 아마도 우리 주변의 건축물들이 아주 다르게 보일 거야.

자, 이제 현장 검증을 위한 3차원의 세계로 출발!

세계 여러 건축물을 살펴보는 동안, 구조의 세계를 움직이는 기본 법칙을 잘 이해하고 이것으로 단단히 무장했을 거야. 이제는 이 책의 지면과 같은 2차원 세계를 벗어나 3차원 세계의 문을 열고 들어가 보렴. 그곳으로 가서 일상 생활에서 볼 수 있는 모든 구조물을 만나기를 바라. 가장 소박한 것에서부터 가장 웅장한 것에 이르는 것까지 모두 말이야.

　이 책의 첫 부분에서 우리는 여행을 시작하면서 안정성을 갖추기 위해서는 없어서는 안 되는 조건인 힘의 평형 문제에 대해 이야기했어! 그런 다음 공간을 덮는 방법과 아치와 보를 이용해서 상판을 잇는 방법을 배우고, 마지막으로 현수선으로 상판 잇기 하는 법을 배웠지. 건물의 지붕과 다리의 교량 바닥은 기둥이나 케이블로 지지했으며, 모든 것에 버팀대를 대어서 혹시라도 구조물이 카드를 세워 만든 성처럼 무기력하게 무너지는 것을 방지한다는 것도 알게 되었어.

　또한 주의하지 않으면 기둥이 휠 위험이 있으며, 아치와 보는 한 뿌리에서 생긴 것이고, 아치와 현수선은 서로 거울에 비친 모습이라는 사실도 배웠어. 이뿐만 아니라 케이블은 다른 재료를 지지하는 역할만이 아니라 그 자신이 보의 역할을 한다는 사실도 알게 되었지. 그리고 콘크리트는 안에 철근을 넣거나 때로는 프리스트레스트하여 사용하며, 콘크리트판을 그대로 쓰거나 또는 접어서 절판 구조로 사용하기도 한다는 사실도 배웠어. 현수선의 경우에는 흔히 케이블로 만들고 경우에 따라서는 직물을 활용하기도 한다는 것도 배웠고……

　요약하자면, 구조의 세계를 탐험하면서 새로운 세상에 첫발을 디디고 새로운 언어의 기초를 배웠으며 '구조가 어떻게 유지되는지' 파악할 수 있는 기본 도구를 얻을 수 있었지. 이제 예전과는 다른 시선으로 구조를 바라보게 될 거야.

이제 그동안 키워온 직관력이 이끄는 대로 따라가 보렴. 그러다 보면 건축물의 외관만을 보는 수준을 넘어 그 속의 구조를 들여다볼 수 있게 될 테니까.

자, 그럼 즐거운 여행이 되기 바란다!

건축 용어

건축물

건축가/설계자